U0390669

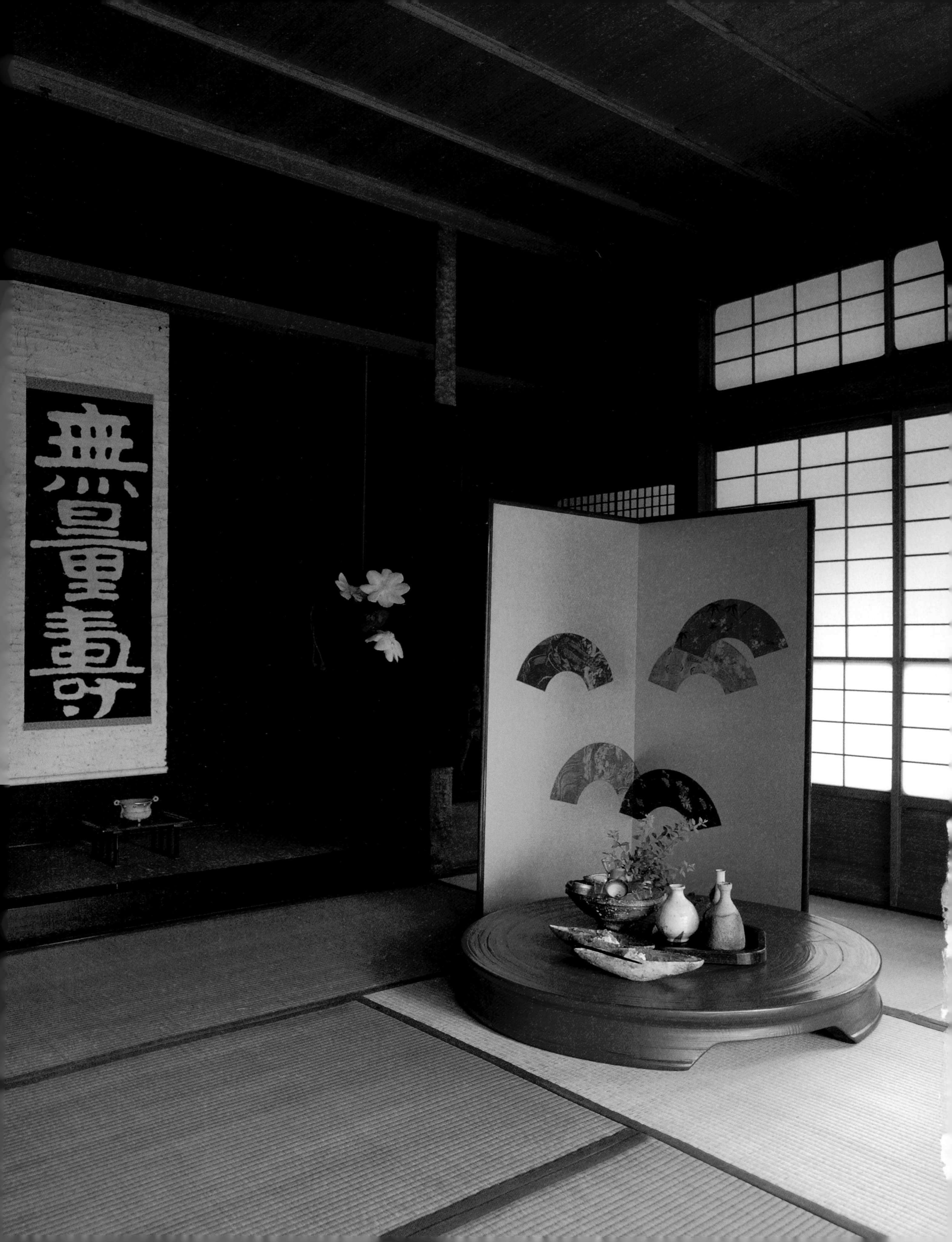
無量壽

日本的建筑艺术

【加】大卫·扬

【加】美智子·扬

著

王冲 译

华中科技大学出版社
http://www.hustp.com

有书至美
BOOK & BEAUTY

中国·武汉

目录

传统日本建筑概述

依据历史起源和风格的影响，日本传统建筑可被归为几个主要谱系。宫殿、住宅和茶室风格构成了最为重要的一支，它们源自史前升举式建筑。而其他主要谱系则是由史前坑穴建筑演化而来的平民住宅，以及佛寺、神道教神社、剧院和天守阁等几类。以下的图表被简化以强调主要源流。

历史时代

绳纹
公元前10000年至公元前300年

弥生
公元前300年至300年

古坟
300年至710年（与后世交叠）

飞鸟
538年—645年

白凤
645年—710年

奈良
710年—794年

平安
794年—1185年

镰仓
1185年—1333年

室町
1333年—1573年

桃山
1573年—1600年

江户
1600年—1868年

明治
1868年—1912年

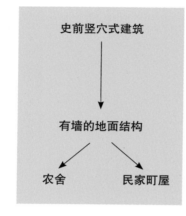

金阁寺，
京都

会客室

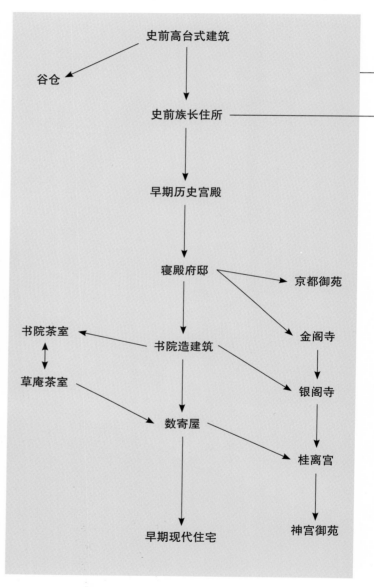

史前竖穴式建筑 → 有墙的地面结构 → 农舍 / 民家町屋

史前高台式建筑 → 谷仓
史前高台式建筑 → 史前族长住所 → 早期历史宫殿 → 寝殿府邸 → 京都御苑
寝殿府邸 → 金阁寺 → 银阁寺 → 桂离宫 → 神宫御苑
寝殿府邸 → 书院造建筑 → 书院茶室 ⇄ 草庵茶室
书院造建筑 → 银阁寺
草庵茶室 → 数寄屋
书院造建筑 → 数寄屋 → 桂离宫
数寄屋 → 早期现代住宅

八坂神社，京都

净瑠璃寺，奈良

全书章节
前佛教文化

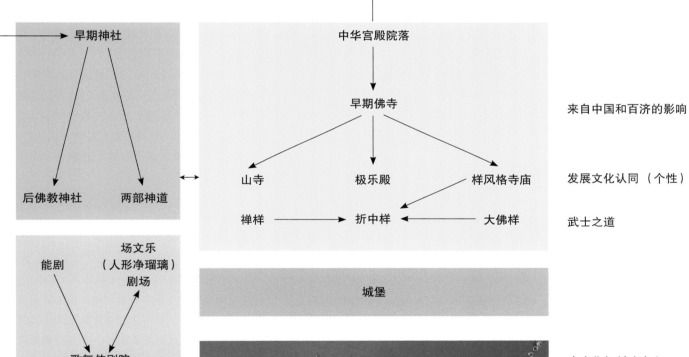

早期神社

中华宫殿院落

后佛教神社　两部神道

早期佛寺　　来自中国和百济的影响

山寺　　　极乐殿　　　样风格寺庙　　发展文化认同（个性）

禅样　→　折中样　←　大佛样　　武士之道

能剧　　场文乐
（人形净瑠璃）
剧场

城堡

歌舞伎剧院　　中央集权封建主义

变迁中的日本建筑

天守阁，大阪

基本准则

日本悠久的历史孕育了诸多建筑风格。然而在接下来有趣却又复杂的故事里，几项基本准则会被发现。其中一些准则解释了核心价值观如何影响建材的选择、建造技术和设计。另外一些准则更强调比如建筑收敛性和丰富性的关联，以及留存过往的文化激情。

上图：元兴寺大殿图示体现了日本人对木材的喜爱。

对页图：轮岛市百年镰仓宅的入口，位于能登半岛的北部尽端，面对日本海。（建筑）经过二十至三十层漆涂防水防腐处理，这种传统来自以漆业工会和精致漆器著称的轮岛市。

自然材料和配置

对自然材料的偏爱是传统日本建筑的显著特征，尤其是木材。木材如同会呼吸般，能够适应日本的气候，它们在湿润的月份里吸收湿气，而在干燥的空气中将其释放。适当的养护和定期维修可以使传统梁柱结构存续千年。其他自然建材还包括做屋顶的芦苇、树皮和黏土。石材被用于支撑柱子，围砌建筑平台，压牢板式屋顶。日本建筑设计对直线条、非对称性、简练的强调，举重若轻地可以体现在前佛教神社、民家、茶室和有品位的当代室内之中。

然而，另有一种对自然配置的不同喜好。自佛教从亚洲大陆传入日本不久，中式对称庙宇院落便让位于山寺的非对称布局。

收敛性与丰富性

日本文化中有不为人所知的一面，对丰富色彩和复杂形式的欣赏，与简洁非对称的抑制性传统构成了对比。日光市的中式风格神社陵庙可为例证。其朱红色柱列和白色石膏墙壁、精致的装饰、曲线、均衡性以及强加于自然之上的秩序性形成了强烈的对比，都是这些建筑的显著特征。收敛和丰富同样被喜爱，偏重哪面则取

门底的木刻和临近的柱子上的美饰金工。这些京都东本愿寺的大门细部说明了诸多日本传统建筑的典型特征——注重细节。

决于不同的场合，不同的时间和地点。比如仪式性建筑被设计得华丽以增强感染力，而住宅建筑则为居住者提供有品位而放松的气氛。

注重细节

无论是丰富或克制的建筑环境，日本建筑师、建造者、艺术家和手艺人都对细节异常关注。尤其是远观的时候，即便建筑的整体效果是简洁的，近看也会发现诸多的细节以增添趣味。对细节的关注适用于技术和设计两方面。比如在技术层面，传统建筑中复杂精巧的榫卯木工使其不费一钉组装，且可定期拆卸维修。在设计层面，佛寺内部咬合的屋檐可能会非常复杂，但其基本支架（斗拱组件）重复出现，使视觉呈现均衡，并统一整合于建筑之中。

本土的和外来影响

日本社会曾被外来文化影响多次。早期的影响主要来自中国和朝鲜，近代则来自欧美。日本人接受外国影响并试图去模仿其文化精华。最终的结果是受外国影响被同化而成为日本传统文化的一部分，并非被外来文化压倒。日本人反复地证明着这样的天赋——创造性地融合不同影响并成为一种新的风格，以表达日本的价值观和审美趋向。

保护过去

日本社会投入巨大努力用于保护旧建筑。这就需要充分利用日本传统建筑最流行的建材——木材。木材易于加工，可以被塑造成多种形状，且可被用于制作抗震结构。而它主要的缺点在于易腐易燃，日本人想出多种方式处理这个缺点。

　　"式年迁宫"和早期的神道教神社传统有关，一座类似的神社建筑被定期复制，随后原先的旧建筑被拆除。最著名的例子是早期天皇神社伊势神宫。"式年迁宫"使得不必过分担心建筑的衰败，即使早期神社的建造方式是柱子直接植入地下，神社仍可留续到旧建筑拆除，新建筑完工。

　　传统日本建筑惯于循环使用材料，诸如从坍圮的建筑里回收木料和瓦片，这些建筑可能因火灾或战争倒塌，或为了建设修复其他建筑而故意拆除。中国在四千年前发明了瓦，然而很显然旧瓦不再被重复利用。而在日本，从拆除的房子上收集瓦片以用到新建筑的建设之中，这和日本早期都城频繁迁移的历史有关。

上图：宏伟的、两层高的佐藤乡村住宅，从围墙的板条中看过去，建筑有着厚重的屋顶、深深的挑檐和贴木墙面，如此设计以抵御极端气候环境。

对页图：在数寄屋风格建筑中，室内和庭院的关系十分重要，这里通过木地板"绿侧"走廊来进行调和。

上图：元兴寺主殿和中殿。这些色彩各异的瓦片由飞鸟时代的百济工匠制作，是日本最古老的瓦片。右侧临近的屋顶上则使用了更近时期的瓦片，其色彩更为统一。

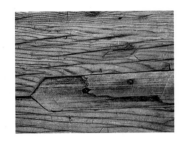

上图：法隆寺的柱子特写，位于奈良附近，它演示了一种建筑保护方法，切除腐朽的木片，并代替为同种材质的木插片。

对页图：日下家族是江户时代的商人和金融家。在1879年大火之后重建了府邸。其室内被大量的梁柱主导，支撑着高高的天花板。尽管富丽堂皇，整体效果仍然简朴庄重。

右图：奈良药师寺主殿重建完成于1976年，它于数个世纪之前被毁坏。现有建筑依据平安时代的考古资料和场地上遗存的宝塔进行复建。

"存续"是指采取措施抢救衰败中的建筑，并强化加固濒临倒塌的结构。比如五层高的东京本门寺塔始建于1608年，历经四百年已经产生诸多问题。檐口支架（斗拱）因过重的屋顶而产生碎裂，一层很多柱子的底部已经腐烂。通常所有这些部分需要被替换，但是因为担心替换后会丧失其文化价值，这些破坏的部分被注入碳纤维，这样的方法使百分之七十的受损构件得以留存。

和存续不同，"重塑"是指改进建筑结构以使之符合当代风格或者满足改进功能的需求。一个最有趣的例子是东朝集殿（意为东边早晨的会堂），这座18世纪早期的（奈良时代）建筑是为平城宫中的政府工匠所建造的，大约在760年它被迁移重塑为寺庙，以作为奈良唐招提寺的讲堂。在建筑重塑的过程中，屋顶的坡度被增加，其形状被改变，立面柱子间被填充以墙壁和门窗，使其与同时代的寺庙相似。在18世纪，这个讲堂又被重塑成为现在的样子。

"恢复"指那些因为自然力破坏（诸如火灾），或者长时间衰败而无法保护的结构构件被进行替换。为了存续上述的唐招提寺庙宇，决定将主殿进行重大复原时，一个一比十的模型被建造，对建筑每个部分都进行了精确的测量。这间大殿的主要框架包含了两万个组件，互相扣合如同巨大的七巧板，不费一钉一锚连接。即便建筑拆开，其构建也不会遭受严重破坏。每一片被拆除的木件都被贴上标签以指示其原先的位置，在必要时也会被进行复制。

通常，存续、重塑和恢复是传统建筑保护的重点。而"重建"则是指建造不复存在的结构，或者替换已经丢失的构件。比如1976年的奈良药师寺是一项旨在重建奈良时代富丽堂皇建筑群落的大规模项目。第一个项目即是恢复几个世纪以前被破坏的大殿。图纸虽已不复存在，但是幸运的是，寺庙尚存的一份平安时代的档案描述了最初的寺庙群体。以此为基础，并结合其他诸如原址考古挖掘的证据，经过九年的艰辛努力，1976年大殿终于重新复原。

地位和功能

数个世纪以来日本一直是一个等级社会，相当重视地位、权威和权力。不同的建筑风格成为社会地位的物质表达。在某种程度上，日本传统建筑的历史可被视为精英建筑和平民建筑的写照。前者体现为宫殿、别墅，以及被统治者光顾的寺庙神社；后者则体现在民家和商人的町屋。然而这种精英和布衣有别的传统并非一成不变，有时候它们合二为一，比如富裕农民的农家里包含了正式书院风格的房间，这类房间和精英住宅有关。

建筑风格的不同往往伴随着功能的差异。神道教神社就和佛寺截然不同，尽管两者皆是宗教建筑。然而这种差异不应该被过分强调，因为神道教和佛教建筑往往互相影响，在一定的时期两者甚至合并，创造出一种折中主义的宗教建筑风格。

最能具体表明地位和功能的建筑结构是大门。大门具有控制空间进入的实际功能，同时也具有象征意义。其设计、尺度和材料都在表明所有者或进入者的财富和权力，接下来有一些例子进行阐述。

"鸟居"是一种无形的门，标志着神道教区域的入口。字面上鸟居表示鸟类居住的地方。一些学者暗示最初鸟居可能为圣鸟提供栖居，比如在著名的天照大神（天照大神，皇室祖先）神话中扮演重要角色的鸡。不管鸟居的起源如何，它主要提供了划分外部尘世和内部神灵居住（见第30页1图）的圣域的分界线。鸟居由木材、石材或者金属建造，有时候被涂作红色。它们尺寸各异，从里弄神社的小尺度结构到标志性神社院落入口的巨大建构。佛教传来之后，许多重要神社采用了佛教风格大门，却仍保留了一到多处鸟居以标识入径。

日本早期寺庙依照中国规制，重要建筑被包围在围栏院落之中，大门在南侧。有三种基本的庙门形制。第一种是单层大门，可以被建造成不同的尺寸，且其装饰繁复程度各异。比如唐门是一种相对小巧的单层大门，有着曲线的中式屋顶和华丽装饰。第二种是一种两层高，单屋顶的大门。第三种的二重门则是两层高双屋顶。楼门和二重门的入口两侧壁龛里经常有门神相伴。二重门最早被用于诸如东大寺和药师寺这样的奈良时代的大型寺庙之中，但是在随后的杖道和禅宗寺庙中也颇为典型。楼门则用于寺庙和后佛教神社，是二重门的适应性变体，这里第一层之上的屋顶被替代为简洁阳台。大门的类型选择取决于寺庙地位和功能。

用门来象征权力的一个好例子是武士门。第三代德川将军德川家光要求所有预约接受正式幕府访问（御成）的大名们在住宅中建造特别设施，其中最重要的是精心建造的御成门。

江户时代的御成门已不复存在，但是这种风格可见于京都西本愿寺的唐门。最初这是一座丰臣秀吉位于伏见桃山天守阁的信使大门，当天守阁拆除后被运送至西本愿寺，由于德川家光的造访而于1632年重建。而天皇也遵循着相似的传统，当他计划访问一座寺庙、宫殿，或者以其名义派出代表时，需要配备的特别设施中就包括御门。

重塑案例

奈良唐招提寺的讲堂经历了一次移位并成功改造。

顶图：平城宫内8世纪的东朝集殿（工部建筑）的模型，存放于奈良平城宫遗址博物馆。

中图：8世纪，东朝集殿被迁移至唐招提寺并被改造为讲堂。其模型被存放于奈良平城宫遗址博物馆。

底图：讲堂现状。

对页图：东寺。

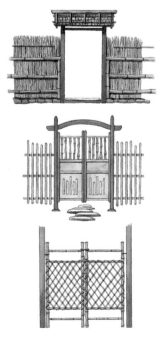

上图：庭园门没有固定设计，可以采用各种材料。

寺庙和神社门

寺庙或神社的重要性经常通过其大门的尺寸和复杂程度来体现，有三种基本的大门形式：单层门，单屋顶双层大门，以及双屋顶双层大门。

右图：栋门：两根立柱，单层。例如奈良县延胜寺。

最右：四腿门：四根立柱，单层。例如滋贺县延历寺。

右图：八足门：八根立柱，单层。例如滋贺县石山寺。

最右：四腿门：八根或十二根立柱，双层，单屋顶。例如奈良市东大寺。

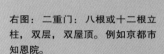

右图：二重门：八根或十二根立柱，双层，双屋顶。例如京都市知恩院。

最右：院落入口，大多数重要的神社都采用佛门。例如京都市平安神宫。

神社、寺庙和武士门更多的是象征意义，而天守阁门则具有巨大的实际防御功能。在正被军事统一的桃山时代（1573年—1600年），许多天守阁被建造。对于入侵者，如果他们成功地越过护城河，还需要穿过主门（大手门），循着一条迷宫般的，遍布大门和死路的通道进攻。有三种基本类型的天守阁门。第一种的高丽门（朝鲜风格门）有着承托于柱上的双坡屋顶。第二种路堤门（日语"埋み門"，嵌入式门）直接在天守阁城墙上设置。第三种寺门（日语"櫓門"）指一种立于石墙之上的歇山顶木结构。路堤门基本上是墙上的洞口，可以在敌人强行进入时以泥土和碎石封堵。寺门则可以在厚木门上加固铁板，通过这种方式阻挡敌

人。主门起到了防御和象征的双重作用，它们的尺寸和结构彰显着大名的影响力和财富。

在江户时代，平民被禁止建造宅门，而在明治时代，当市民开始为自己的私宅建造宅门时，它们往往被建得非常宏伟，（以从视觉上）平衡传统建筑上巨大的屋顶。近年来，建造住宅的趋势是面向更为开放和友好的设计，然而围墙院落和入户大门仍旧流行，且被视为地位标志。传统风格住宅和一些现代家居，它们的小花园常常被围栏和门扉随意地分开，住宅中设置的花园和门与其说是为了打动别人，倒不如说提供了一种亲密感和逃离繁忙世界的放松感。如果说正式入口主要是留给客人的，那么住宅花园和门扉则是留给主人的。

上图：鸟居之外（神道教门）是九州宇佐市中津西大门（见第52—53页）。重修于桃山时代1592年左右，这座颜色丰富的大门是悬山风格（日语"切妻"，入口在建筑长边侧而不是山墙侧）。中式斜屋顶（日语"唐破风"）上覆盖着柏树皮。

左图：巨大的榻榻米垫接待室，建于1917年的爱知县数寄屋风格的暂游庄（意思是享受自身一刻的别墅）。房间提供了如画般的完美庭园景观。

前佛教文化

在史前时代，人们从亚洲各地进入日本。这些早期的居民最初是狩猎采集者，最终形成了陶器、农业、永久居住地和日益复杂的建筑类型。人们组织成宗族，而其中一支逐渐占据支配地位，建立大和国和今天仍在位的天皇一系。

1 萨哈林岛南翼
2 白老町阿伊努村庄和博物馆
3 三内丸山绳文遗址
4 不动堂遗迹
5 伊势神宫
6 近畿地区
  · 大和地区
  · 池上·曾根遗迹
  · 仁德天皇陵古坟
7 出云大社
8 吉野里弥生遗址

上图：一种平地建筑（平地住居），柱子倾撑至顶部并为茅草覆盖，既当墙壁又作屋顶。大地被作为地板。

右图：大阪府池内史前遗址上重建的平房建筑，茅草屋顶由被芦苇覆盖的柱子支撑。

旧石器时期（？—公元前10000年）

在最后一个冰河世纪（更新世时期），海洋中的大部分水被冰川捕获，从而降低了世界各地的海平面。在更新世结束前的一段时间，由于海平面较低，日本的九州和北海道仍然可以从亚洲大陆进入，因而不同的狩猎采集者得以集聚日本。一部分人群通过朝鲜半岛进入日本南部；另一部分人则通过北部的萨哈林岛（库页岛）进入日本北部；而其他人可能是乘船直接从南方进入。

因此，日本人也许不像人们认为的那样是一个同质人种。这些早期的旧石器时代居民有着各种复杂的石器，但他们缺乏陶器或定居型农业。尽管考古学证据正在逐渐积累，但关于他们的外貌或生活方式，我们仍知之甚少。

绳文时代（公元前10000年—公元前300年）

大约在12000年前，当冰河时代结束后，气候变暖，海平面上升，日本被从大陆板块切断，在迅速蔓延的落叶林中诞生了一种新的文化。陶器开始使用后，这些用陶的人类族群被称为绳文（意思是"绳索标记"），因为他们将一片绳索压入新制造的容器的潮湿表面，从而装饰盘卷陶器。这些陶器中的一些是具有使用性的，而另一些则具有非常华美的形状。在这个时期，绳文人延续着祖先狩猎和采集的生活方式，辅以小规模的种植，包括一些谷物播种。最近的考古证据表明，当绳文时代结束时，日本温带地区的居民可能已经小规模地尝试水稻农业。

绳文建筑可以按不同方式分类。根据一种分类体系，最初发展于旧石器时期的以大地作为建筑地面的平地住宅是一种简单的构筑物。竖穴住宅（地穴居）则是构筑在圆形或矩形地面之上带有屋顶和墙壁的建筑。而掘立柱建物（地面立杆的构筑物）是较大的建筑物，地板和屋面由梁柱结构支撑，柱子直接埋在地下，而不是像后期绝大多数建筑那样，柱子立于岩石之上。掘立柱建物的楼板有时直接位于地面上（平屋建物），而当其用作仓库或瞭望塔时，则升举起于地面之上（高床）。

地穴居并不适合湿地或排水不足的地方。然而在合适的条件下，它有助于防御冬季寒冷和夏季炎热。

临时平地构筑物、地穴居和升举构筑物持续使用至弥生时代，甚至一直延续到平民使用的历史时期。直到近代，人们还相信升举仓库首先在弥生时代产生。然而最近的调查结果表明，这些仓库起源于更早前的绳纹时代。

弥生时代（公元前300年—300年）

公元前300年左右或者更早一些的时候，来自朝鲜半岛的新族群和文化带来了冶金、基于灌溉的大型水稻农业和轮制陶器、弥生人最初以九州北部为中心，最初似乎与土著绳文人发生过战斗，但最终他们融合在一起。这种融合为当今日本人及其文化提供了基础。

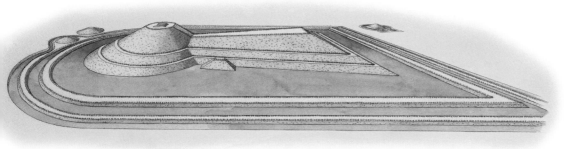

日本文化中的许多特质来自中国早期历史记载中的"倭"族。目前仅在北海道和萨哈林地区发现了阿伊努人遗迹，有学者认为他们可能是绳文人北部分支的后裔，迁徙的人群与弥生人在身体和文化进行融合。然而关于阿伊努人的起源仍是有争议的。

新的生活方式带来了日益繁荣，连同密集的水稻农业，促生了财富差异和初级的社会分层结构。人口增加和社会分层最终导致一百多个小国的产生，它们被控制于一系列宇氏宗族之下。宗族首领既是世俗统领又是宗教领袖。

古坟时代（300年—710年）

至300年，一位或多位弥生宇氏成员似乎在诸多宗族中占据了卓越地位，从而产生了一系列王朝，最终形成了6世纪中叶的大和国。

位于奈良、京都和大阪（近畿地区）周边地区的大和国控制着从西部九州延伸至东部关东地区的大面积土地。被认为是世界上最长寿皇朝的日本皇室，据信是来自大和国统治家族的后代。

古坟时代的名称来源于将贵族和高级宗族官员埋入石墓，石墓之上覆盖土冢的习俗。这个时代从300年左右（或稍早）持续到710年，因此它与6世纪中叶传入的佛教时代重合。吸收来自中国和韩国的佛教同时，也引进大陆的先进文明，从而结束了史前时代，但是土冢仍然持续建造了二百年左右。

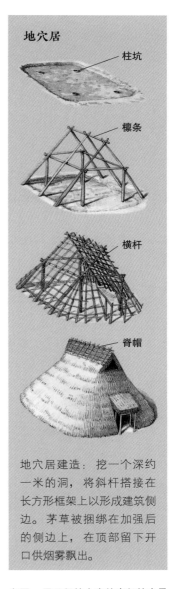

地穴居

柱坑

檩条

横杆

脊帽

地穴居建造：挖一个深约一米的洞，将斜杆搭接在长方形框架上以形成建筑侧边。茅草被捆绑在加强后的侧边上，在顶部留下开口供烟雾飘出。

左图：用于保护大米的高架粮仓最终发展成早期的神道教神庙。根据日本国家历史博物馆的模型绘制。

鼠闸

重建绳文和弥生聚落

顶图和上图：
用于聚会的坑穴构筑物的室内外形象，位于不动堂绳文遗迹。

下图：不动堂遗址坑穴构筑物屋顶的烟洞。

重建过往历史在日本非常流行。日本人对他们的起源非常感兴趣，并且愿意前往这些偏僻地点参观考古遗址。于是日本各级政府通过大力投资作出了回应，来重建史前遗址建筑，其中最重要的则被设计为国家历史遗迹。

三内丸山遗迹

青森县的三内丸山遗迹是留存公元前1500年左右的绳文村遗迹。公元前3500年至公元前2000年，三内丸山坐落于高处，俯瞰北面的青森湾。一条小路连接村庄中心和高地东端，其两侧皆为坟墓。仪式空间的中心是一个大型坑穴，一些较小的坑洞结构，以及下面将要论述的大型观望塔。到目前为止，考古学家已经发现了八百座坑房，一百二十座梁柱结构（如高架仓库和观测塔）残迹，以及超过一万个孔洞，但其用途尚不确定。

尽管完好的木材业已不存，但可以从挖掘的柱孔中推断出诸多信息。例如，它们表明所用树木的周长和高度。在一次挖掘中显示，柱孔底部呈倾斜状，于是柱子间必须相互倾斜。这样杆件间将不稳定，除非有可能连接已经升高的平台和屋顶。据推测，这种结构可能被用作瞭望塔。在洞中发现的木材残留物来自大栗树，可能是为了种植坚果。

三内丸山的调查结果迫使学者们改变了他们对绳文聚落的看法。与先前人们认为绳文人以狩猎野生动物为本的原始生活方式相反，三内丸山的居民长期在一个地方定居，种植了一些如栗子的食物，从其他各地乘船进口食物，埋葬故人，并与邻居和平相处。到目前为止，已经完成的重建工作包括一个大型及五个小型的地穴居，三个竖穴高架构筑物，以及一个地下落柱，有顶的大型结构（可能用作瞭望台）。来自建筑、考古和民族学领域的专家委员会正在持续研究如何推进重建工作。

不动堂遗迹

不动堂遗址位于富山县东北角，可追溯至公元前3000年左右。发掘工作启动于1973年，迄今已发现十九处房屋，九处似乎用于储存食物的深坑以及大量的土制和粗陶器容器。特别值得注意的是，一个巨大的椭圆形坑房的证据，它位于聚落的中心，面积为一百三十六平方米。由于其体量是一般房屋的四倍到五倍，且具有四套用于烹饪的石制构筑，所以相信这座建筑物被用于聚会。这座房子连同其他两座建筑已被重建。

吉野里遗址

位于九州佐贺县的吉野里，坐落于低山之上，两侧以河流为界。发掘工作始于1986年，业已发现跨越整个弥生时代的栖居地遗址。在弥生中叶的后期，这里的一座大型定居点由周围的护城河守卫。挖掘发现了埋在陶制瓮中的大量骨骸以及丰富的物质文化遗产，包括青铜器和玻璃珠。这些骨骸和物质材料表明了韩国根源。

到了弥生时代后期，吉野里在较大范围内产生两个小区域，将内部护城河和围墙划分出来。而最重要的建筑物就一南一北，矗立于这两个小区域中。1986年，南区重建了两个瞭望塔和三个坑房，而两座高架仓库则建在了围栏区的西侧。

北围区的重建工作自1999年以来一直进行。这个区域很可能是一个首领聚落的几座建筑物。它包括一个地穴居和几个升高的结构，其中的一个大型建筑物被认为是早期的神社。其他升起的构筑物可能包括瞭望塔、仓库，以及首领早期的宫殿，后者是一种用于住宅、政治、宗教和仪式功能的构筑物。然而，在升举建筑中设立火坑原本就很困难，所以烹饪可能只限于竖穴住宅。在随后的时间里，新的遏制火灾的方法产生，从而允许在升举建筑进行烹饪。

鉴于吉野里是被护城河包围的最大的弥生时代的定居点，甚至它有可能发展成为新兴的大和国的关键构成部分，于是它被指定为日本国家特殊历史遗迹。

池上·曾根遗迹

这个大阪府的弥生时代遗址位于被护城河包围的低矮山丘上，东西向的河流现已不存。和吉野里一样，有一个较小的封闭区域似乎已被预留给首领，这里也发现了制造石材工具和其他产品的生产区域。

1969年至1971年进行了大规模的发掘工作，使得池上·曾根遗址在1976年被命名为日本国家历史遗迹。1994年，考古学家发现了一座面积一百三十平方米的大型建筑遗迹，这座建筑的一个显著特点是采用了厚实的柱子支撑屋顶两端，和后来建造神社的方式相同。十七个柱子的部分断片仍埋在地下。通过现代的测算方法已经可以确定其中一个柱子是在公元前52年切割。截至目前，一座竖穴居和两座升举梁柱建筑已被重建。

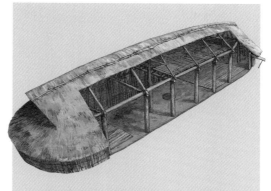

三内丸山的长屋

考古学家在三内丸山发现了八百座竖穴构筑物和一百二十个梁柱结构的遗迹。这里展示的这座长房根据日本国家历史博物馆的模型绘制，是日本最大的竖穴构筑物。因其尺度较大，被认为是用于会议和仪式的公共建筑。其巨大的屋顶置于墙上，而不像大多数小竖穴结构那样，屋顶直接位于地面上。

变化的观念

人们一直认为，绳文人过着简单的狩猎和采集生活方式，只需要简单的建筑和工具。而人们相信，弥生人带来了来自大陆的多元文化，

下图：吉野里是一个非常庞大的弥生时代遗址，包含一南一北两个较小的区域，最重要的建筑物位于其中。这里所描绘的是1986年在南部区域重建的建筑。它们被高耸的土墙上的围栏和两个护城河围合。两端都有入口，两侧都有瞭望塔。而高架仓库和众多的竖穴居位于封闭区域之外。

包括农业和更先进的工具、武器和建筑形式。因此，人们长期以来认为弥生文化迅速地取代了更原始的绳文文化。

虽然这种概括不无道理，但绳文文化和弥生文化之间的区别不应该被过分强调。最近的调查结果表明，尽管弥生村庄的防御设施更完备，社会分层程度更高，但有的绳文村庄相当庞大，呈现多样化，并能持续相当长的一段时间。此外，绳文人还乘船长途跋涉，与北海道和本州西部等地区进行贸易。

上图：池上·曾根弥生时代遗址的礼仪建筑重建。结构构件被绑在一起（见右图），这在史前建筑和后来的农舍中非常常见。由于绳索可以伸展，这些建筑物可以在台风期间移动而不会造成严重的损害。建筑旁边是一个有盖的井，由一个镂空的樟树制成，可能用于与建筑相关的净化仪式。照片由和泉市提供。

右图：吉野里北部地区的复建神社。就像高架谷仓一样，这个神社立于柱上，后者没入土地之中。它可能具有后来神殿的一些特征，如围绕内部空间的阳台。然而建筑的实际外观则是推测的。例如，我们并不可能知道它是否像重建展示的那样具有两层，或者只有一层，就像后来的伊势神宫那样。

进口产品包括玉器和黑曜石器，鱼和沥青。后者与黏土混合用来制作器皿，并装饰泥人。绳文人也种植栗子，似乎也尝试种植诸如旱地稻的其他作物。

最有趣的发现之一是绳文文化和弥生文化建筑之间也有相当的连续性。例如，长期以来认为高架仓库在弥生时代开始。现在知道，后来发展成神社和宫殿的高架弥生仓库竟是早期绳文传统的延续。

重建中使用的依据

什么样的重建建筑能够匹配吉野里和其他史前遗址？这需要进行有根据的猜测。利用考古证据，如铜镜和铜钟设计，陶器的设计，以及在陵冢斜坡同心圆环上发掘的陶土建筑模型（埴轮）中均可以得到研究基础。线索还可以从当代民族志中获得。例如几个世纪以来定期重建的神道神社，它们使用了几个世纪以前农舍中使用的建筑方法。将这些多样的数据拼合需要高度的团队合作。

顶图：在九州吉野里遗址工作的考古学家。

上图（左侧）：在宫崎县西都原现场发掘的家形埴轮（房屋形状的黏土模型）。

上图（右侧）：大阪府弥生文化博物馆的锅具，奈良县唐古遗址，其上描绘了一个高架建筑。

伊势神宫

在日本的古代神社中，伊势神宫无疑是最重要的。伊势神宫的建筑意义在于它们有着目前典型日本建筑的一些基本原则，是早期日本建筑的例证。例如使用茅草屋顶，暴露未漆涂的木梁和墙壁，将建筑架高在木柱之上，并使建筑物适应自然环境等。

神道教

史前时代的宗族首领也是宗教头领，这种宗教最终发展为神道教。神道教基于这样一种信念：自然界有一种神力（kami），它渗透一切，但更集中于某些事物，例如特定的瀑布、树木、动物、人类、祖先的灵魂，甚至人类的器物。通常神道圣地位于自然景观附近，如神圣的山峰，那里神力更为集中。"Kami"这个词也被用来指神话般的神灵，比如天照大神，据说天皇族系万世一系自此而来。

尽管神具有抽象性，但不同个性的神灵集聚了其特定的神力，人们在神殿建筑物为他们供奉不同住所。因此当个人拜访神社时，他们会尊拜特定的神，而不是抽象的神力。

神道仪式围绕着"净化"的理念而展开。血液、死亡和疾病是不洁的，如果一个人要与神交流，就必须接受净化。仪式可以很简单，在神社祈祷前先到水池洗手或漱口；也可以很复杂，像参加祭司引导的全程仪式那样，充斥了传统音乐和巫女舞蹈。

前佛教圣地

前佛教时期神社建筑的三种主要类型是大社风格、住吉风格和神明风格。大社风格的代表是岛根县的出云神社。在史前时代，出云神社坐落于高台之上，通过一连串的台阶到达。据神社保存的记录，建筑原本高九十六米，后来减少到四十八米，最终达到二十四米，因为建筑总以不明原因而濒于坍圮。

"Kan-ari祭"是日本所有神道教神灵的节日，每年10月11日至17日在出云地区举行庆

右图：伊势神宫内宫的主要院落（从南面看）包括一个圣堂和两个藩篱围合的藏宝库。绘图中省略了一个小型的有顶建筑附件，用来保护圣所入口外进行仪式的参与者。院落的西边是另一个白色的坟墓，当现有建筑物拆除时，新的内宫就建在那里。

大门

入口

伊势的布局

伊势有两座神社，相距几千米：内宫是献给天照大神的，而外宫则献给食物女神——丰受大神。

尽管有一些细微的差异，但内宫和外宫的风格几乎完全相同。位于古老雪松森林中的神社群被统称为伊势神宫。虽然内外神殿的主要建筑物被一系列围栏与外部世界隔开，且禁止大多数人进入，但建筑的主要特征可以在两者内的众多附属建筑中窥见。基本上，这些建筑是从史前高架米仓中演进而来的，它们逐渐改进完善，成为世界上最复杂的建筑物之一。

祝活动。由于在此期间其他神社不设神灵，于是10月在日本的其他地区被称为神无月（无神的月份）。

住吉风格以大阪市的住吉神社为代表，它由四个俯瞰大海的山墙入口结构组成。而位于三重县纪伊半岛的伊势大神社代表着神明风格。

上图：前佛教时代出云大社，四十八米高，以高山工业高中的模型为基础，依据出云神社的绘画，以及建筑史学家福山俊雄的研究成果绘制。

左上图：一幅大正天皇访问伊势神宫的卷轴画细节。时间位于他登基四年后的1916年11月14日。游行队伍正在通过鸟居（神道拱门）和茅草大门通往主神殿大院。

左图：背景中的建筑是伊势神宫的神殿建筑之一。当建筑被替换时，一座精准的复制品将会被建造在前景砺石区域。

右图：明治神宫内宫的神乐殿，进行着神圣的舞蹈和音乐。不同于场地神殿的切妻造风格（茅草式人字形屋顶），神乐殿则是铜瓦歇山屋顶（入母屋造风格）。有关屋顶样式，请参阅第39页。

右图：九州高千穗的一个神社内部，据说天照大神的孙子琼琼杵尊降生在附近的山村。在祭坛上是一面镜子，代表从天照大神获得神圣权威的三个象征之一（另外两个是剑和珠宝）。

历史记载

根据传统，在很久以前神的时代，天照大神的孙子琼琼杵尊，接受了祖母赠送的一面镜子，并被派去统治日本大地。他被祖母告知镜子将成为自己出现的象征。琼琼杵尊带了一位相貌美丽的女神作为他的配偶，但拒绝带上一位更年长且丑陋的女神的姐姐，于是她的父亲对其后代进行诅咒，使他们生命短暂，至此人类诞生。后继的天皇们将琼琼杵尊的神镜藏于宫殿之中，并尊为天照大神的象征。3世纪后半叶，在弥生时代的最后几年，第十一任皇帝——垂仁天皇为镜子建了一座永久的神宫。

并命令公主栲幡千千姬为天照大神担任皇室代表。这种"公主—巫师"担任首席祭司的制度一直持续到室町时代（1333年—1573年）。

重建项目

佛教和中国文化正式传入日本一个世纪之后，天满天皇在685年施行了一项政策，即神宫每二十年重建一次。当其他许多神社迅速采用弧形屋顶和彩绘木构等中国特征时，在伊势神宫仍保留了直线的神明风格和天然材料的使用。然而，另外的一些特征，例如金属配件、建筑物的南北朝向以及大门的设计似乎是受到亚洲大陆的影响。

重建项目需要耗费大量的资源、时间和金钱，因为它涉及更换六十五个结构和大约一万六千个填充构件。这就需要一批木匠、屋顶茸工、雕工、金工、制布料者和其他工匠。重建项目在上一个项目实现十二年后启动，耗费八年时间才能完成。它伴随着三十二个主要仪式：在长野县木曾山的皇室森林保护区，从切割近一万四千株桧木开始（日本扁柏），树木沿着河水漂流到伊势神宫的场地上，祭司兼木匠使用古老的

下图：伊势神宫场地上的这座木制灯笼与建筑风格相协调。

内宫的主要圣地

内宫的主要圣地是一个架高的长方形结构，面宽三间进深两间，由从深山森林保护区获得的桧木（日本扁柏）制成。免漆的木材在二十年的使用寿命间逐渐变色，从金黄色变到灰色。也许最令人印象深刻的特征是用山苇覆盖的大屋顶。屋顶山脊由两个独立的柱子支撑，它们直接沉入地下，类似于绳文时代和弥生时代高架仓库的掘立柱风格。厚重支柱支撑着架空的地板，墙壁立于地板之上，高架地板周围环绕着带扶手的优雅阳台。而神柱立于地板的中间，在其上方，神镜被放置在支架的容器之中。建筑入口位于其一侧长边的中间，形成"平入"式风格。为了避免重量不均，屋顶茅草越往上越变窄，支撑檩条的巨大支柱也是如此。在屋顶的每一端，屋檐交叉并延伸超出形成千木（叉形顶尖），这有助于平衡巨大的屋顶向外倾斜。横跨屋脊的是一排长而紧密的钉木：鲣木，在内宫十个，而在外宫变成了九个，它们反映了地位的差异。而从山墙两端延伸出来细长钉木，两侧檩条每侧四个，被称为鞭掛。

工具和仪式开始为新建筑物制作木材。新的神社屋顶需要大约二万五千捆山芦苇（茅）。

随后存续二十年周期的旧神社被拆除，而新建筑建在其相邻的地块之上。在每个空地的中心是一个缩微的木制建筑，其下覆盖着一个桧木杆件，标志着新建筑物的中心——神圣"心柱"竖立的地方。新建筑应该是旧神社的复刻版本。当它经祭司认证后，旧的神社即被拆除，其建筑材料被送到日本各地的分支神社。这种方法确保了旧有形式的忠实传递。虽然重建项目出现了几次失误，但伊势神宫的神社在1993年已经完成了第六十一次重建。

上图：伊势朝圣的绘画。在江户时代，朝圣变得非常流行，因为旅行安全且人们变得更有钱。例如，在1830年，有四百六十万人在六个月期间访问了伊势。有时候，那些无法前往朝圣的人会把他们的狗送给朋友或亲戚带上，以便接受伊势祭司的祝福。这个插图是田中亦信的卷轴细节，位于伊势神宫附近的神宫徵古馆博物馆。照片由神宫徵古馆博物馆提供。

阿伊努建筑

上图：木下圣三的早期照片，家门口展示了一对穿着传统服饰的阿伊努夫妇。

直到今日，日本北部的土著居民阿伊努人仍然居住在小型季节性定居点"村子"（阿伊努语），此地位于食物采集区。例如，春天他们住在海边收集鱼和海草；夏天，他们住在山区捕猎动物，采集野生蔬菜和浆果；冬天，他们则住在避风挡雪的山谷之中。

传统住宅

最简单的住宅类型是"樫"（Kashi）。它由一个三脚架结构组成，其侧面覆盖着树枝和织垫。樫足够大，可为四五口之家遮风避雨。当需要更多空间时，可将梁放置在两组三脚架之间，并将其侧面封闭以从而形成屋顶，最多可容纳十人。

"家"（chise，阿伊努语）是一种屋顶架在墙壁上的大房子，有足够的空间允许人们站立，生火，或者进行其他的室内工作。当人们从入口或存储区域进入"家"后，会发现一个有着小窗户和泥土地面的大房间，其中间是一个方形火坑，两侧有垫子。在房间的一侧是一个架高的区域，其上放置了诸如漆盒及刨木制成的圣物等物品。在熏黑的（屋顶）椽子上悬挂的是用于狩猎的弓箭。

传统上，"家"是在河岸上建造的，因此其中的圣物得以面向河流上游，因为那里被认为是神的居所。根据"家"的建造和维护情况，可以使用大约十年或更长时间。

本页插图所示的"家"房屋有着由芦苇丛或竹草组成的墙壁和屋顶，这些材料被绑扎在与主框架水平向相连的两根杆件上。烟囱孔则在房屋顶部。屋脊上覆盖着由木竿重压的屋冠，并被系在椽子之上。主楼左侧是两个厕所，一男一女。在建筑物的右边是一个兽笼，小熊被饲养至足够大，直到在最重要的阿伊努仪式中被杀死。在仪式盛宴中被吃掉后，它的头骨被用于装饰和展示荣耀。在熊笼的右边是一个小的高架仓库，它让人联想到绳文粮仓。而前景是花园，其后是一个晾衣架。除了蔬菜，粮食由鲑鱼和鹿等野生肉类补充。

冬天的房子被称为"冬家"，"泥土之屋"，它是在地坑上架设屋顶而建造，并用泥土以存蓄热量。在萨哈林岛，这种房屋类型最晚在1946年仍被发现。春季和夏季村庄的住宅建造中，使用材料较少，多是采用诸如芦苇或草覆盖的杆件进行建造。

右图：传统的阿伊努房屋，入口和储藏室与较大的房间相连。此房屋是基于大阪国立民族学博物馆的模型绘制。

大房子建筑的建造

1996年，北海道白老町阿伊努博物馆的大房子（Poro-chise）被烧毁，博物馆工作人员使用他们多年来从阿伊努长者那里学到的传统建筑原理进行了重建。首先，将垂直柱子埋入地下，并将杆件连接到顶部以形成墙壁。其后使用平顶板梁连接两个侧壁以形成坚固的框架。至于屋顶部分，两组三脚支架竖立在框架顶部并与屋脊梁连接，其两端留下烟孔。椽子从墙壁铺至屋脊梁，细杆水平地连接在椽子之上。结构完成后的屋顶上覆盖鱼网，交叠的芦苇束从底排开始，垂直地系在屋顶框架上。顶排上的芦苇束被弯曲在脊上，并用额外的小束覆盖，以形成独特的脊形。小的水平杆被固定在垂直壁柱外侧，用于连接芦苇束以构建墙壁。更多的小杆件被水平地连接在芦苇上以帮助固定。随后切出墙面窗孔被并覆盖窗帽，并通过房屋内部的绳索开启闭合。

1996年在白老町建造的大房子建筑物。完工房屋的地板和墙壁都覆盖着垫子。屋顶梁保持暴露。

墙架用于存放仪式使用的器物。一个巨大的火花反光板悬挂在凹陷的火坑之上。

传统宗教

传统的阿伊努宗教围绕着一个膜拜仪式展开：一名阿伊努妇女捕获小熊，将其在笼中抚养长大，在送熊魂舞仪式上将其杀死并吃掉。其后熊的头骨被装饰供人膜拜，在村庄中进行游行仪式，以释放熊的灵魂，维护与神界的良好联系。

传统文化的衰落

传统的阿伊努族生活方式一直延续到江户时代末期。1899年，政府颁布了《北海道旧土人阿伊努人保护法》。然而，由于15世纪以来日本人移民北海道，可用的土地已经非常有限。阿伊努族人不断被同化，传统习俗和食物采集方式的改变导致传统文化和语言的衰落，以及整体阿伊努族较低的生活水平。

在20世纪，北海道县政府为阿伊努人建立了住房计划，但这些房屋体量小，建造质量差，以至于阿伊努人更希望居住在政府大楼旁边的传统房屋里。1997年，日本国会通过了一项新法律，倡导对阿伊努文化进行研究，并支持保护阿伊努语言、习俗和传统。这项法律是否会改善阿伊努人的生活状况仍有待观察。阿伊努族领袖也正在试图通过向年轻人传授阿伊努语和传统习俗，来振兴传统文化。然而只有少数长者仍然拥有传统知识。所以任务艰巨，前途未卜。

北海道大约有二十四个重建的"家"，其他地区则有三个。但到目前为止，实际上没有一个被用作生活区。当代阿伊努人与大多数日本人的生活方式没有太大区别，在大多数情况下，他们都已被同化。

来自中国与百济的影响

佛教在6世纪从百济国引入日本。大和皇室热烈推广这门新宗教，以帮助建立更强大的中央集权政府。于是大兴土木，宏伟的寺庙充满了雕像和其他艺术品，以感染国内外人民。

下图：奈良时代的东大寺仓库。建筑由三角形断面的原木构成，这些原木在夏季膨胀，以防止湿气进入室内，并在冬季收缩以允许空气流通。

飞鸟时代（538年—645年）

传统认知上，日本引入佛教的时间是538年，尽管552年也常被使用。从佛教引入日本到645年的大化改新之间的时期被称为飞鸟时代。它来源于第一个真正的首都——奈良附近的飞鸟地区。在飞鸟时代的亚洲大陆文明影响下，日本发生了彻底转变。

当佛教被引入时，针对是否应该正式采用新宗教，或神道教是否保持支配地位，物部氏和安宿氏之间产生争议。这场辩论发生的时候，日本正从一个有影响力的部族联盟迅速发展成为一个被称为大和国的中央政府国家。赞成正式采用佛教的安宿氏族占了上风，随后大和皇室决定用佛教作为政治工具来巩固其权力。

593年，尚德皇子被推古女皇任命为摄政王。相比于将佛教作为政治工具，他对佛教的宗教意义和哲学意义更感兴趣，并成了一位虔诚的追随者，积极推动佛教。在他的赞助下，大量的百济手工艺人来到日本，建造佛教寺院并饰以雕塑、绘画和装饰艺术。尚德皇子建造的两个主要院落是奈良附近的法隆寺和大阪的四天王寺。

第一座寺庙因其所在的地理位置，后来被当地居民称为飞鸟寺（tera，或dera，意思是"寺庙"）。这座寺庙在百济国王的帮助下，由苏我马子在596年建造。其大部分建筑材料于718年被迁至奈良，寺庙也改名为元兴寺，但作为崇拜对象的一尊佛像（Shaka）被遗留在新建筑物中。虽然它被严重损坏且修复不良，但作为日本第一尊佛像，具有重要的历史意义。

白凤时代（645年—710年）

公元645年的大化改新在日本建立了一个基于中国唐代立法结构模式的中央政府。日本第一次建立了与中国的官方互换制度：两国宫廷之间交换了特使。同时，佛教相关的建筑、艺术和手工艺从首都传播到日本各省。此时出版的《万叶集》包含了四千四百首诗歌，足以佐证此时文学的蓬勃发展。

白凤时代早期，每当天皇去世时都会引发迁都。694年，天武天皇决定在飞鸟以北的藤原京（kyo，意为首都）建立一个永久性的首都。这个日本第一座全方位首都维持了七年，并按照中国的习俗，街道以正方形网格布局。然而，政治和经济形势的变化使其有必要扩大政府官僚机构。由于藤原京的空间有限，首都由元明天皇在710年迁至平城京（现今的奈良）。

奈良时代（710年—794年）

尽管在平城京和其他地方之间临时迁都了几次，平城京仍然做了七十四年的首都。在官方的支持下，主要的佛教教派在这里建立了总坛，如药师寺和兴福寺。作为佛教的坚定支持者，圣武天皇下令在每个省建立寺庙和尼姑庵，

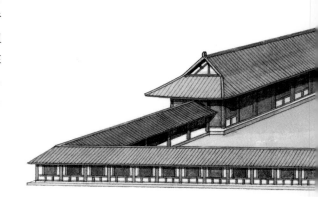

烟孔
架高地板
泥土地面

并将建于平城京的东大寺作为全国佛寺网络的主坛。这里至今仍然存续着伟大的青铜佛像（大佛）。752年，甚至远至波斯的贵宾齐聚一堂，参加东大寺"开眼供养"仪式。在此期间，一位杰出的印度法师为佛像点睛。

圣武天皇的一系列日常生活物品保存在奈良正仓院的天皇藏宝库中。奈良正仓院是奈良时代至今延续的少数建筑物之一。这一时期建筑和艺术的繁荣标志着日本佛教文化的高潮。

循环

718年，日本第一座寺庙飞鸟寺（位于飞鸟）被拆除，其木材被用来建造位于平城京的元兴寺。后者在1451年被烧毁，而一些

来自飞鸟寺的原始木材得到抢救并用于重建今天仍然存续的禅堂（全室）。因此，元兴寺禅堂里包含的木材早于世界上现存最古老的木结构建筑。

住宅建筑

如上所述，6世纪至8世纪最为人熟知的是佛教引入日本和唐代样式都城的建设。然而，本土建筑的发展主要集中在住宅领域。一般性房屋或许是梁柱结构，使用茅草或木板屋顶，采用石块压重。从飞鸟时代开始，宫殿、寺庙和贵族住宅的建造是以农民缴纳重税和强迫劳动为代价的。于是，随着农民经济状况的恶化，农舍也逐渐变小。

与此同时，技术产生得以改进，支撑竖穴住宅屋顶的室内支柱被消除，屋顶完全依靠外墙支柱承重。最终竖穴住宅也完全被淘汰，取而代之的是含有两个内间的矩形地面住宅：一间泥土地面，带有火坑，用于烹饪；而另一间，其土地上覆盖着稻草和垫子，用于吃饭和睡觉。这种基本平面设计仍可见于一些传统的农舍，被称为民家。

左图：较早历史时期农舍的室内推测图。

下图：日本最常见的屋顶类型。佛教引入前的神社使用了悬山屋顶，而在6世纪佛教建筑引入后，歇山屋顶开始流行。

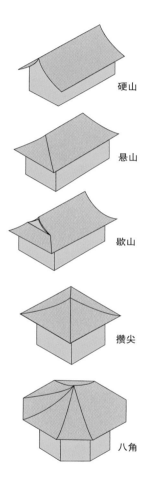

硬山

悬山

歇山

攒尖

八角

左图：基座部分源自日本最早的寺庙之一——四天王寺。大阪府立近飞鸟博物馆的这个模型展示了大门、宝塔、大殿和讲坛的线性排列关系。

右图：作为奈良七大寺之一的东大寺始建于8世纪，是佛教中心。它的建筑受到中国唐代宏大规模的佛教建筑的影响，特别是巨大的大佛堂，大而沉重的屋顶和支撑它的复杂支架系统。现在的大佛堂虽然仍然很大，但比原来小得多，后者曾被火焚毁两次。但是它仍然是目前世界上单一屋顶下最大的木构建筑。

平城京： 早期都城

上图：用于第二大极殿屋顶角部的装饰性瓦片模型。这种瓦被称为鬼瓦（带 "鬼脸" 的瓦片）。此瓦所示的面孔是一个瑞魔，其作用是吓跑那些引起火灾、闪电、强风和其他建筑物损坏的恶魔。

日本早期的首都是临时性的，因为每当天皇逝世时就会迁移。为了展示大和朝廷的国力，元明天皇决定将首都从飞鸟附近的藤原京迁到平城京。根据中国的风水学，平城京被认为是理想的场地。这场仅历时两年的迁都，通过拆除现有宫殿并重新使用木材而得以完成。

城市

708年，当天皇决定迁都平城京时，此地的居民须被重新安置。山丘被夷为平地，山谷则被填满，由于大部分工作都是由使用手工工具的应征农民完成，异常艰苦的劳作使得许多人试图逃跑并重返故乡。平城京以唐朝长安为蓝本，东西长五点九千米，南北长四点八千米，一点二平方千米的土地被分配建造宫殿。至于建筑材料，人们从藤原宫拆运木材和瓦片，辅以从邻县带来的木材，从河上漂流至新都附近的木津镇。石材则在奈良县附近的二上山开采，而瓦片在新首都附近的窑炉烧制。

平城京是一座规模巨大的城市，约有十万人口。东西为路，南北为街，城市被划分为里坊。作为宫城的平城宫建筑群被置于都城北端，如同唐朝长安城一样，被高五米的围墙保护。

都城的主要街道是一条七十四米宽的 "朱雀大路"，从主要宫门朱雀门，直通都城南入口罗城门。宫城外围是寺庙、民宅和东西市场。市场经由政府控制，商业活动仅被限制于东西市场，而商品经由运河和秋篠川运输，流经西市。

除了有几次短暂迁移到其他城市，平城京作为日本首都延续了七十四年，直到784年迁都到长冈京，然后于794年又迁移到平安京（京都），此后作为都城延续了大约一千年。

宫殿

宫殿区的主要建筑物是大极殿（国家大厅）和朝堂院（政府办公室）。前者举行加冕仪式，以及与外国代表团会晤等国事活动。这些建筑物采用中国样式，在高架平台上建造，其中一些覆盖砖石。支撑大型瓦屋顶的朱红色柱子立在基石之上。一些柱子间为空，而其他开间则用白墙填充。

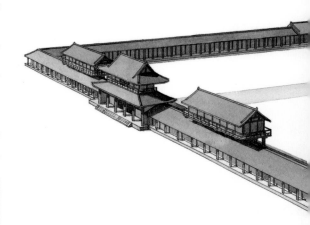

在大极殿的北部，围栏区域内是天皇的住所 "内里"。虽然此时期鲜有宫殿和贵族府邸的详细信息，但它们似乎是用日本本土风格建造，包含了一个巨大的、未划分的中心区域（母屋），其中一部分被墙和门扇围合，其余部分则通向一个或多个高架阳台。这些阳台有时被覆以屋顶，形成延伸的厢房。建筑的地面被抬升并铺装，树皮屋顶为悬山顶或歇山顶。自史前时代以来，建筑中的主要柱子埋于地下，而不是置于基石之上。在奈良时代，这些贵族

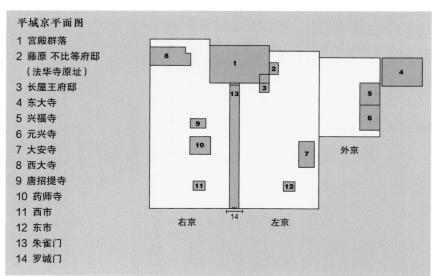

平城京平面图
1 宫殿群落
2 藤原 不比等府邸
　（法华寺原址）
3 长屋王府邸
4 东大寺
5 兴福寺
6 元兴寺
7 大安寺
8 西大寺
9 唐招提寺
10 药师寺
11 西市
12 东市
13 朱雀门
14 罗城门

外京

右京　　14　　左京

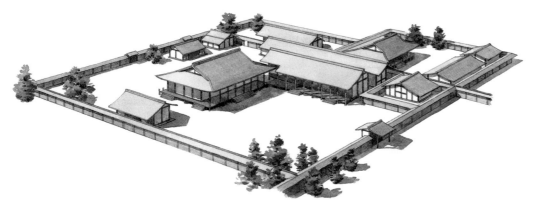

左图：模型细节。奈良时代初期左大臣长屋王的府邸，来自奈良国家文化遗产研究所。长屋王府邸是寝殿式风格的早期形式。寝殿风格的建筑在接下来的平安时代开始流行。建筑置于高架木地板之上，周围围绕着升起的阳台，梁柱结构（主要柱子埋在地下）结合推拉滑门。大多数建筑物都有瓦楞形或树皮覆盖的屋顶，有些则可能已经铺瓦。

住宅演变为寝殿式风格的豪宅，其名字来自建筑主厅（寝殿），作为户主的住所，其两侧是附属建筑物。

官至右大臣的藤原不比等是天皇朝廷背后的真正实权者。在他的监督下，首都从藤原京迁移到平城京。他急于让自己的孙辈首皇子（即后来的圣武天皇）登上舞台，从而问鼎王位，扩大藤原氏的权力基础。首皇子的宫殿建在主宫城的东部。而藤原不比等的巨大住所毗邻首皇子的宫殿的东部，以墙相隔。

僚，另有一万人没有职级。由于官僚不能成为贵族，因此在第五级和第六级之间存在着巨大鸿沟。此外，贵族们过着相对奢侈的生活，而官僚则几乎生活在他们的工作场所。

土地根据等级划分，上级阶层分配到四町

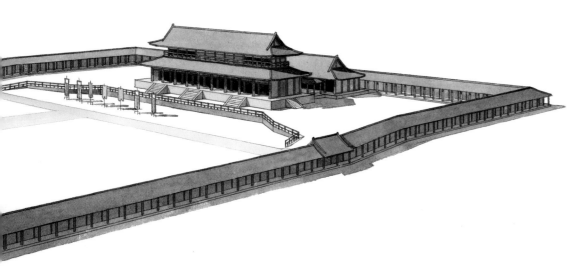

左图：平城京第一大极殿（国家大厅庭院），基于奈良国家文化遗产研究所的模型绘制。当首都在740年暂时迁移时，第一大极殿被拆除并搬迁。而当都城在745年被迁回时，第二大极殿建在原址的东侧。

土地（一个町大约是一万平方米），而未列职级的官僚则只有二百五十平方米。低级别官僚和普通人居住在类似于乡村农舍的城市住宅中。这类住宅包含了一个竖穴屋和一两个可能被用作工坊或仓库的房子。"町屋"，这种专门为商人和工匠开发的城镇住宅，直到接下来的平安时代才出现。

阶层结构

政府员工分为八个等级。排在前五位的人大约只有一百五十位，他们从出生时就被赋予贵族的地位。排在最后三位的大约有一万名官

法隆寺：现存最古老的寺庙

上图：佛教建筑采用梁柱技术，屋檐悬挑于阳台之上，通过梁上斗拱支承。建筑物内部（母屋）面宽为奇数开间，进深为两间。母屋周围一圈是一个进深一间的区域，被称为厢。

由于其古老、美丽和建筑的完整性，奈良法隆寺是日本最重要的寺庙，相比之下其他现存的日本早期寺庙只留有单一或部分建筑物。在法隆寺，几乎整个建筑群都得到保护，这为研究日本早期佛教建筑的基本原理提供了宝贵的样本。

佛教建筑的创新

佛教因其精微繁复的学说和广布的吸引力，与神道教相对简单的自然崇拜完全不同，其架构也迥然不同。首先，中国佛教建筑的基础是宇宙原理，需要严格的寺庙建筑布局，通常是对称的，以一堵墙围合，并通过正式的步道进入。相比之下，早期的神道教神社则试图融入自然。其次，早期的佛教寺院是繁复而充满装饰性的。建筑物通常建在一个升高的土台之上，柱础半埋于填土的石材地板上，为高大柱阵提供基座。支撑其上巨大的瓦屋顶内有着复杂的梁架系统用以承托挑檐。柱子施以朱红色，柱间填充白色粉墙。室内装饰华丽，通常包含一个宏伟的祭坛。

相比之下，早期的神道教神社设计非常简单，大屋顶上覆以茅草树皮，因此它并非重到需要复杂的支承结构。柱子经常直接立在土地之上，木材保持自然状态。室内设计同样朴素。

随着时间的推移，外来引入与本土风格的宗教建筑相互影响，结果许多神道教神社呈现出更精致的形式和更明亮的色彩，而许多佛教寺院朝着更加简朴的风格发展，并有意识地尝试融入自然环境。

四种基本的塔类型

来自百济和中国的原始建筑技术经过改造，以适应日本本土的环境，比如加强连接点，使建筑物更能抵抗地震和台风。这些早期技术的改进构成了日样风格（和样）。后来的风格包括大佛风格（大佛样或天竺样），由12世纪的禅师重源引入日本，禅宗风格（禅宗样或唐样）也在12世纪引入。折中风格（折中样）则结合了前三种风格的特征。

法隆寺历史

法隆寺由圣德太子创建，始建于607年，670年被烧毁，若干年后复建（日期不确定）。

在其最早的布局中，主殿和五重塔在一条

基本术语	特定教派下使用的术语
本堂 大殿，有时候被称为金堂，一座供奉佛像的建筑	圣德宗、真言宗、法相宗和其他教派称为金堂。 天台宗称为中堂。 禅宗称为佛坛。 净土真宗称为阿弥陀堂。
开山堂 创始人堂	净土真宗称为太子堂或者本庙。
香堂 讲坛	禅宗称为法堂。 密宗称为灌顶堂。
宝塔 宝塔	天台宗称为"にない堂"（ninaido）。
门 门	

注意：宝塔有三种基本类型：
hōtō　一级带穹顶
tahōtō　两级带穹顶
多宝塔　三、五、七级带穹顶（奇数）不带圆形穹顶

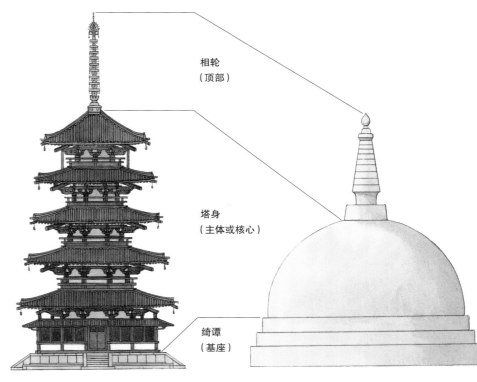

相轮
（顶部）

塔身
（主体或核心）

绮谭
（基座）

中轴线上，如同四天王寺一样（第39页），位于五重塔之后。但当法隆寺重建时宝塔被布置在主殿的左侧，打破了原始布局的对称性。

　　法隆寺的西院包含了院落的主要的建筑物。而东院则建有梦殿（梦想的殿堂），这座大殿始建于739年，以承托尚德太子的灵魂安息。此地还有尚德太子妃为她家乡建造的传法堂，可谓奈良时代贵族住宅中极具价值的案例。经年累月，这个区域里又增加了诸多新的建筑物。

上图：五重塔与印度窣堵坡之间的比较，五重塔从后者演化而来。

下图：法隆寺南门，五重塔和主殿。

西区

法隆寺西区包含内门、五重塔、大殿和后部的讲坛。大殿高两层，面宽九间。中心区域（母屋）面阔三间，进深两间，供奉祭坛和佛像。五重塔和大殿都在一层高度中段设置坡形屋顶，让人感受似乎增加了一层楼面。在奈良时代，坡形屋顶盖住周边走廊（厢），以提供更多空间。五重塔的屋檐投影区域，连同每层的面积和高度（自上而下）在逐渐地增加，从而产生锥形效果，带来优雅感和稳定感。这座建筑是用日本桧木建造。

奈良时代的寺庙

当首都在710年迁往平城京时，大多数佛教宗派都随之而来。除了国家支持的奈良七大寺外，许多私人寺庙也由贵族建造。与前一时期的建筑相比，受中国唐朝影响的奈良时代寺庙规模较为宏大。

国家资建寺庙

作为佛教的热衷倡导者，圣武天皇建立东大寺作为国家寺院系统（国分寺，僧寺）和庵堂（尼寺）的总部。东大寺放置了一尊十七米高的青铜佛像，在其建造中动员了全国近百分之十的人口，大约需要一百六十六万五千个人来完成。在752年，一万名僧侣和贵宾齐聚奈良参加"开眼仪式"，他们来自亚洲许多地区，甚至远至波斯。在此期间，一位著名的印度僧侣为大佛点睛。这个仪式旨在象征佛教在日本牢牢建立，而这个日升之地现已成为一个准备为亚洲政治文化做出贡献的国家。

平城京是奈良七大寺庙的总部，这七大寺依次是法隆寺（不晚于710年重建）、兴福寺（710年从飞鸟迁出）、大安寺（710年当被移到平城京时称为大官大寺，并在745年

奈良时代现存早期寺庙的总结

日本最早的寺庙大多被毁坏，重建或改造。因此，我们并不总能弄清楚哪些建筑物是最初的。以下是按时间顺序对奈良地区现存资料的总结。

1 日本第一座寺庙（596年）飞鸟寺于1451年寺庙被烧毁，其建造木材被保存在不久重建的元兴寺的极乐坊禅室中（冥想大厅）。

2 法隆寺在670年被烧毁，并在接下来的四十年中某个时间点重建。这里有世界上最古老的木结构建筑。

3 法起寺是一座三层宝塔，有时拼写为Hokkiji（完成于706年）。

4 药师寺东塔（730年）。

5 新药师寺的大殿最初是食堂（747年）。

6 东大寺（约748年）转害门、正仓院和部分三月堂（或称法华堂）。

7 唐招提寺大殿和讲堂。前者修建日期早，不确定。后者原本是平城宫的一部分，于763年迁至唐招提寺，并于13世纪重建。位于唐招提寺场地的还有两个原始的井干式仓房。

8 元兴寺（8世纪晚期）极乐坊宝库中的八座小型宝塔。

上图：药师寺西塔是奈良时代原塔的近期复原。原塔始建于730年，新建筑复建于其原址。

对页图：瓦屋顶的奈良东大寺钟塔。这座塔在镰仓时代重建，其中的古钟可追溯至752年。塔和钟都是日本国宝。

右图：在东大寺基础之上的三月堂，包含两座覆以普通屋顶的建筑（双堂式或并排风格）。虽然缺乏经典寺庙的对称性，但整体效果仍令人赏心悦目。

奈良时代的寺庙 47

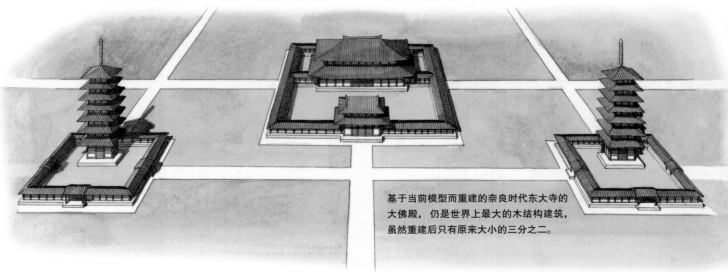

基于当前模型而重建的奈良时代东大寺的大佛殿，仍是世界上最大的木结构建筑，虽然重建后只有原来大小的三分之二。

寺庙提供收入。因为西大寺直到764年建造，因此并不是这个最初赞助项目的受益者。

除了以上提到的寺庙是国家支持的机构，另一个非常重要的奈良寺庙是唐招提寺。其创始人是伟大的中国僧人鉴真，被圣武天皇邀请来日本传授佛教戒律。鉴真接受了邀请，但他尝试了六次渡海。在努力渡海的十二年间，他的许多门徒在海上遇难，鉴真和尚也失去了视力。他在754年终于抵达奈良，已经完全失明。其后他在东大寺任职，为退位的圣武天皇和在位的孝谦天皇提供佛教指导。鉴真于759年从东大寺辞职，建立唐招提寺，直到四年后去世。唐招提寺的主殿和讲堂的两座原始建筑今天尚存，这使唐招提寺成为除法隆寺外，日本最重要的早期佛教建筑遗址。

左图：奈良药师寺的塔。两座塔是在8世纪初白凤时代建造的。其中一个被烧毁，最近才被重建。塔很不寻常，因为它们看起来有六层。实际上这是因为有三个楼层有中间屋檐。原存塔位于前景，是奈良时代为数不多的遗存结构之一。

更名为大安寺）、元兴寺（718年从飞鸟迁出）、药师寺（于718年从藤原京搬迁）、东大寺（752年落成）和西大寺（765年建造）。其中一些寺庙是从中国迎入了六个主要教派的总坛，统称为奈良六教派。所有六种教派都高度提倡形而上学，这些都未能在日本获得普及。因此，大多数未能确立为独立教派。东大寺旁边，奈良七大寺中最重要的是前述的元兴寺。根据749年制定的政府排名制度，元兴寺获得了两千町步，仅次于东大寺，收到了四千町步。药师寺、兴福寺和大安寺每人收到一千町步，法隆寺收到五百町步。一町步包括约三万九千六百公顷的农田（一般一町步是西方单位一公顷或中国单位十五亩），其目的是为

寺庙风格的演化

在596年飞鸟寺的建立与752年东大寺的落成之间，佛教建筑和寺庙布局发生了几次重大变化。第一，大雄宝殿（主殿）和塔的面积有所增加。第二，塔搬到了更周边的位置。第三，由于屋顶变得越大越重，导致屋顶梁架系统的复杂性增强。

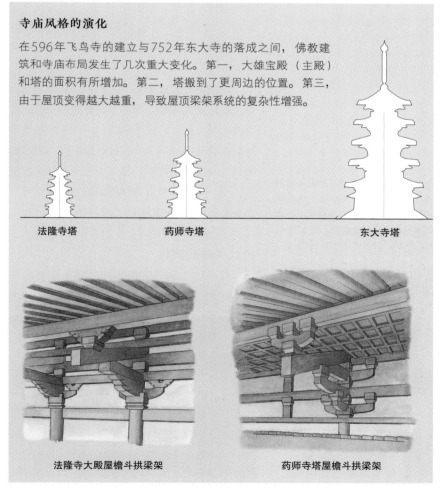

法隆寺塔　　　药师寺塔　　　东大寺塔

法隆寺大殿屋檐斗拱梁架　　　药师寺塔屋檐斗拱梁架

后佛教时期的神道教神社

7世纪，当佛教被正式纳为日本国教时，与神道相关的本土信仰，习俗和物质文化被称为神道教。神道教神社不得不受到强大佛教的影响，主要吸收了弧形屋顶、朱红色漆木、金属装饰和祭拜者的特定空间等元素。

上图：流造风格，后佛教时期最常见的类型。入口位于建筑长边，跟神明风格一样，但屋顶延伸到台阶，为祭拜者提供庇护。右边照片中的建筑是宇治上神社，靠近京都。

神社的分类

神社可根据本殿的类型（或有无本殿）分为四类。通常本殿中供奉着代表神的圣物。

第一类，也是最基本的类型，是没有任何本殿的神社。在这种神殿中，被膜拜的神明居住在一个自然物体中，因此不需要人工住所。

第二类包括前面讨论的前佛教风格，如住吉风格、出云风格和神明风格等风格。

第三类源于佛教传入后的风格，因此深受佛教建筑的影响，例如春日风格（如奈良春日神社）、流造风格（如宇治上神社）、日吉风格（如滋贺县日吉神社）和八幡风格（如大分县宇佐神宫）。

第四类被称为宫司，是神社和寺庙的组合，圣人在这里被祭拜。第一个这样的例子是京都市的北野天满宫，建于947年，用于抚慰菅原道真的魂灵——这是一位被政敌诬陷，随后贬谪到九州的宫廷贵族。另一个例子是日光东照宫，第一个德川幕府将军德川家康在这里被尊崇为关东平原的守护者。

神社风格的演化

最早的圣地是在森林或海滩上清理出的小块土地，其上覆盖着白色的砾石，为神明

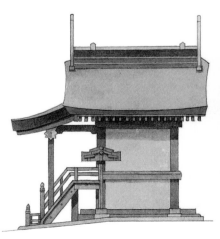

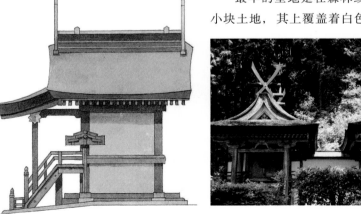

下图：春日风格，第二种最常见的神社类型。入口在尽端处，一个单独的屋顶覆盖台阶。下图所示的建筑物在奈良县的圆成寺，在13世纪初，当春日大社被改造时迁移至此。

的"降临"做好准备。即便在今天，仍有许多与生育或食物有关的地方被认为是神明的住所。圣地还与自然景观有关，例如，当穿越山脉时，在洞穴里看到堆起的岩石并不罕见，这是在致敬神明。其他圣地包括山脉、瀑布、不寻常的树木和岛屿。特别重要的是山脉，如富士山，因为山脉更接近天空，因此可作为天神便利的"登陆地"。圣地用绳子或神道门（即鸟居）标记，并不需要建筑物作为祭拜场所。

神社的主要建筑是本殿，其内供奉一个特定的神明，由圣物所象征，比如剑、宝石或镜子。祭拜者没有受到特别限制，但他们通常无法进入神社中最为神圣的区域。

在佛教传入之后，信徒可以聚集在一起敬拜和参加仪式，寺庙的这种设计激发了神道教神社，也开始为信众建造祭拜区域，并通过延伸本殿的屋顶或建造一个单独的礼拜堂来实现。渐渐地，还增加了其他建筑物，例如一个神道教表演的舞台。

最终，神道教信仰和习俗在普通民众中得到了广泛的建立，每个村庄和城镇都建造了神社，为居民提供保护神。

甚至私人房屋都有家用神社，即一个主要的神道货架（神棚）用以盛放举行仪式的物品，还有针对房屋特定部分的神龛，比如灶神和厨神的神龛。在仪式场合，如水稻种植或收获节，当地的神灵将坐着花车神轿，从村庄神社被请到村庄附近的稻田举行特别仪式，之后

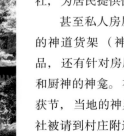

除了第一种类型之外，所有神社的共同元素	
术语	**解释**
神道	神社步道，两侧种满树木或灯笼。
鸟居	神道教大门。
塀	用于区分神圣区域和外部世界的围栏，墙壁或走廊。
标绳/注連繩	代表结界的绳索，以区分清洁和不洁。
水盤舍	水盆，进入神社之前用于口腔和手的净化仪式。
狛犬，石狮	保护神社的狮子或狮子狗的雕像。
本殿	主殿或供奉神明的神明堂。外人不得进入。
拝殿	祭拜大厅，用于个人祈祷和仪式进行。

注意：某些类型的神殿有千木（交叉的顶尖）和斗木（横跨山脊的杆以帮助压住屋脊）。屋顶上的斗木数量表明了神社的地位——斗木的数量越多，神社的地位就越高。

上图：橿原神宫，国家神道建筑的典范，其庄严的体量感，有顶的走廊和砾石区域，让人想起京都的皇宫。橿原神宫被献给传奇性的第一位皇帝神武天皇，其墓冢就在附近。

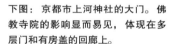

下图：京都市上河神社的大门。佛教寺院的影响显而易见，体现在多层门和有房盖的回廊上。

再被送回永久性神社建筑。

因为神道与日常生活的环境和活动密切相关，所以它在日本人的心灵中发挥了重要作用，它倾向于优先考虑即刻的、直接的自然体验，而不是佛教那种崇高的哲学和道德训诫。

尽管如此，在许多情况下，神道教和佛教的信仰和习俗被合并进一个神社或寺庙，其中一些仍可在今天看到。

随着国家神道的兴起，许多人试图提升神道教，超越佛教，其结果是在1868年明治维新后，神社和寺庙被分开。所有的神社都被要求加入一个全国协会，以伊势神宫为首。这个致力于天皇和日本国家荣耀的新组织建造了许多新的神社，它们被称为的神宫不是普通的、以神明风格建造的神社。这些神社都是大规模的，如东京的明治神宫和奈良县的橿原神宫。第二次世界大战后，国家神道被废除。

右图：大分县的宇佐神宫，始建于725年，是日本众多神社中最重要的。这座神社献给传说中的应神天皇、他的母亲神功皇后，和他的皇后姬大神——这三位与神道战神八幡一起认定的神灵。宇佐神宫本殿是八幡风格的典型相邻的连接结构。这里展示的是南中楼门（入口大门），建于1743年，于1941年修复。大门供天皇使者使用。有关楼门风格的讨论，请参见第20页（两层大门附带一个屋顶）。

发展文化个性

部分原因是为了逃避前首都佛教寺院的强大影响，首都从平城京（今奈良）迁往平安京（今京都），平安时代（794年—1185年）至此开始。中国的唐文化持续盛行一段时期，但日本最终减少与亚洲大陆的接触，并开始吸收所学的东西，以发展自己独特的文化。

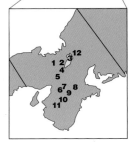

1 平安京（京都）
2 延历寺（比叡山）
3 琵琶湖
4 园城寺（大津）
5 平等院（宇治）
6 平城京（奈良）
7 净琉璃寺
8 室生寺（奈良）
9 谈山神社
10 金峰山寺（吉野山）
11 金刚峰寺（高野山）
12 观音寺
13 中尊寺
14 宇佐神宫

对页图：塔楼由一条有顶的走廊连接至最大建筑物，以第三国家大殿（大极殿）的三分之二比例复建，于1072年建于原址之上；平安京的第一国家大殿于876年烧毁，而后复建建筑于1058年再度烧毁。

新的首都

784年，首都从平城京（奈良）迁至长冈京市，继而于794年迁往平安京（京都），以后在此定都持续千年。以中国风水学来看，京都满足所有要求，可谓人间天堂：东面有一条河（鸭川河）提供纯净的饮用水；西边是一条公路（山阳道）用来运输食物；南面是一湖水（小仓池）提供无阻的阳光；以及北部的一座山（船冈山）进行防御。目前已经在古墓群中发现了四神（青龙、朱雀、玄武、白虎）绘画。从桃山时代（1573年—1600年）开始，这个基本原则不仅用于选择首都位置，还用于城堡选址。

新首都的设计和平城京类似。以网格进行布局，南北五点五千米，东西四点七千米，围绕以护城河。北部是天皇宫殿，在今天的二条城附近。宫殿院落含有一个一点四千米乘一点二千米的围墙，有十四个门和一些院落，包括天皇住所、家庭成员和配偶的住宅寓所、仪式大殿和天皇大殿。

主要大门面向宽阔的通道，朱雀大路——与平城京的中央街道同名。这条大道将宫殿与城南的主要入口——罗城门连接起来，东侧是东寺，西侧是西寺。西寺不复存在，但东寺仍在。院中宝塔是日本最大的宝塔，至今仍然统领着这个区域的城市风景。在宫殿附近有附属的皇家居所、贵族府邸和政府办公室。这个城市还包括其他类型的建筑物，如神道神社、市场和城镇住宅，以及作为工匠和零售商的商店住宅。根据估算，都城的人口约为五十万。

新形式的佛教

在平安时代早期，两位曾在中国留学的僧侣回到了日本，带来了深奥的密教，强调秘密传播教义。它的神秘信仰和习俗为平安时代的佛教艺术提供了强有力的刺激，以其佛教神仙塑像、绘画和曼荼罗（佛教神灵和宇宙学的示意图）而闻名。平安时代晚期，阿弥陀佛从中国传入日本，吸引了普通民众和贵族，因为这个教派承诺只需要念诵阿弥陀佛的名字即可在

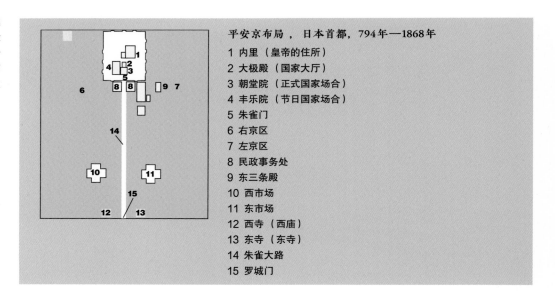

平安京布局，日本首都，794年—1868年
1 内里（皇帝的住所）
2 大极殿（国家大厅）
3 朝堂院（正式国家场合）
4 丰乐院（节日国家场合）
5 朱雀门
6 右京区
7 左京区
8 民政事务处
9 东三条殿
10 西市场
11 东市场
12 西寺（西庙）
13 东寺（东寺）
14 朱雀大路
15 罗城门

天堂重生。阿弥陀佛的信徒建立了宏伟的天堂万堂，旨在创造人间的天堂形象。

本土文化的盛放

平安时代的后半期被称为藤原时代。日本文化逐渐形成了自己的独特特性。这是由几个因素促成的，例如在9世纪后期日本暂停与中国的官方往来。另一个因素是公共土地越来越落入免于缴税的寺庙和贵族的手中，而公共土地政策原本是大和朝廷为了建立对竞争部族的控制而采取的措施，于是随着税收的枯竭，政府官僚机构渐渐停止运作，朝廷与国家事务脱节。

朝廷成员把时间花在追求艺术、诗歌和浪漫上。这一时期高度精致的文化体现在"雅"的审美理想（宫廷优雅和品位精致）和单纯的无价值中（对自然的瞬间美的忧郁意识）。本土文化的发展发生在文学领域，由假名的发明而促进。假名是一种更能表达日本情感的语音音节。而建筑最重要的发展之一是寝殿式风格府邸（前述论及）的成熟，这种风格最初从奈良时代发展而来。

屋顶的创新

平安时代的城市寺庙试验了（建造）瓦屋顶的新方法。在中国，大型瓦屋顶是通过使用一系列厚而短的重叠椽子，来创造出一个长而弯曲的椽子，直接放在檩条之上（与椽子成直角的梁称为檩条）。而后在短椽重叠的接缝上方添加黏土，以加强接缝并形成光滑的曲面。这种方法被证明不适合于日本，因为大雨有时会渗透到瓦片中浸泡黏土。由于黏土需要很长时间才能干燥，因此水分会加速椽子的腐烂。另一个问题是地震往往会破坏黏土。

日本人通过发展一套双层椽子来解决这个问题，两层椽子之间有厚重的负重悬臂梁架，位于与椽子成直角的檩条之上。屋顶瓦片放在上层椽子上，因为上层椽子从室内底部看不到，被称为"隐藏的椽子"。由于隐藏的椽子只承受瓦片的极小的重量，它们可以由单根长木片制成。这些木片足够薄，以至可以形成所需的屋顶曲线。

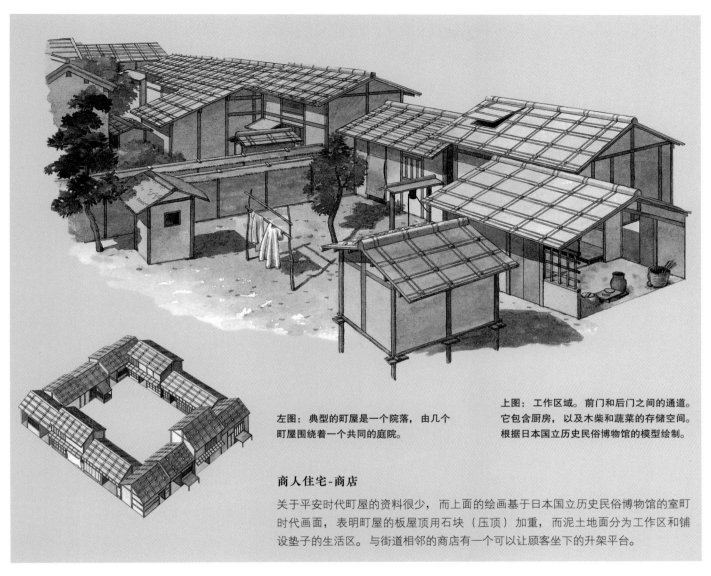

左图：典型的町屋是一个院落，由几个町屋围绕着一个共同的庭院。

上图：工作区域。前门和后门之间的通道。它包含厨房，以及木柴和蔬菜的存储空间。根据日本国立历史民俗博物馆的模型绘制。

商人住宅-商店

关于平安时代町屋的资料很少，而上面的绘画基于日本国立历史民俗博物馆的室町时代画面，表明町屋的板屋顶用石块（压顶）加重，而泥土地面分为工作区和铺设垫子的生活区。与街道相邻的商店有一个可以让顾客坐下的升架平台。

这个系统不仅除去了黏合椽子和黏土的需要，而且还允许隐藏的椽子与下部的椽子（称为"基础椽"），以不同的角度倾斜。实际上，建造这样的一个屋顶，从内部和外部观看呈现出不同的外观。新技术在设计方面呈现出相当大的灵活性。它可以有效地将两座现有建筑物捆绑在一起，或者在一个建筑物内创建两个不同的区域，例如和样风格寺庙中的内部和外部，每个都有自己的屋顶，但从外面看显得只有一个屋顶。

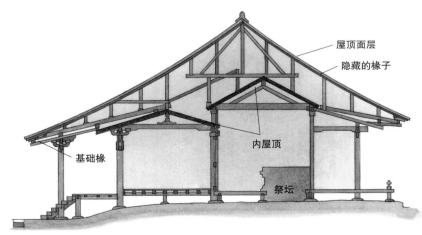

屋顶面层
隐藏的椽子
内屋顶
基础椽
祭坛

左图：平安神宫的大型围墙院落设
有这座雄伟的二十四米高的两层大
手门。这座大门位于神宫南部，与
北端尽头的大极殿位于同一轴线。
神宫建筑的朱红色柱子，绿色瓦片
屋顶和白色抹灰墙壁，受到中国古
代建筑的影响显露无疑。

宫殿与府邸

平安时代寝殿式府邸设有一个中央大殿（寝殿），通过长长的有顶回廊与附属建筑相连。整个有围墙的建筑群，及其各种庭院围绕着一个大型庭园（回游式）而建，庭园中有湖泊，其上的岛屿由小桥相连。虽然这些早期府邸已不复存在，但这种风格影响了后来的宫殿和寺庙，以及住宅建筑。

建筑特征

寝殿式风格起源于奈良时代，并在平安时代晚期发展成熟。其基本特征已经从卷轴画和考古发掘中得以重建。都城府邸的平均面积大小为一个街区（约一百二十平方米），但有一些占用两个街区，例如在平安时代后期作为天皇摄政王的强大的藤原家族。寝殿式风格的府邸是单层建筑，由母屋（主要区域）和厢房（周边区域）组成，承托于木柱之上，而木柱陷于地面之下。房屋周围环绕着木制阳台，通过楼梯到达。建筑的地板和壁板是未上漆的原木，屋顶为瓦顶或木质，这点与早期日本建筑所体现的本土品位有着明显的相似之处，例如史前的升举式部落首领住宅。然而，其他的特征则显示出大陆风格的影响，例如在佛教寺院中使用的设计原则。又如寝殿式风格的豪宅采用了歇山屋顶，整个建筑群被瓦屋顶土墙围绕。

院落建筑物的立面由铰链式木制百叶窗（蔀户）组成，其上半部分（窗扇）可以被吊起，下半部分在气候适宜时可被移除。建筑内部简单而优雅，室内隔板很少，木地板上铺着草垫，居住者可坐在其上。这些草甸则是后来住宅榻榻米垫的前身。室内的私密性由纸质推拉门或折叠屏风提供，由当时最知名的艺术家在其上绘制图样。

寝殿是户主的住所，而附属建筑则由家庭成员，配偶和仆人使用。寝殿的庭院为特殊的仪式和娱乐提供了场所。

京都御所

最初的京都御所据说是世界上唯一全部由木材建造的主要宫殿，但它被火灾一再烧毁。在1177年大火之后，大极殿未被复建。最初，国家仪式都是在大极殿中进行的，但这个功能越来越多地转移到了紫宸殿（仪式厅）。在接下来的一百年里，通常是由于战争和火灾的原因，这座宫殿的位置迁移了好几次。于是，"里内裏"（临时皇居）系统被发展，一个高级贵族的住所可被替换为宫殿。所有超过一定等级的贵族都需要建造能够适合此目的的住所，以备不时之需，例如在火灾或战争的危机时刻。

下图：式年仪式和典礼卷轴画描绘的场景之一，展示了东三条殿，这座平安时代煊赫藤原家族的住所。东三条殿是寝殿式府邸的典范，从北到南占据了两个城市街区，周围环绕着土墙。主楼寝殿由一个四米乘十一米的中心区域构成，周围环绕着阳台。走廊将寝殿连接到北部，东部和西部的其他建筑物。而南面则是一个举行仪式的大型园林，来自东北高地的溪流滋润池塘。这幅图像根据日本国立历史博物馆的模型绘制。

1331年，朝廷在原始宫殿院落以东约二千米的地方划定了现在的宫殿遗址，建造了一座新的宫殿。与以往宫殿一样，它极易受到火灾的影响，于是这次新建的建筑物荡然无存。

1790年，根据里松固禅的历史研究，京都御所以原始的平安时代风格重建，尽管只复制了原始宫殿的内宫区。这座新宫殿被不遗余力地建造为一个朴素简约且安静庄严的地方——象征着皇室品位。1854年，宫殿再次被火烧毁。现在的院落于1855年重建，使用了为之前宫殿准备的设计。

占地面积约十万零八千平方米的矩形区域由瓦屋顶土墙包围，长约四百五十五米，宽约二百二十七米。墙上的五个白色条带代表着帝国。而在寺庙或神殿墙壁上的类似白条则表明了寺庙或神殿受到了皇室的赞助。宫殿的墙壁被几个主要大门和十四个小型紧急出口隔断。南门仅由天皇使用，东门仅由皇后或皇太后使用。西墙有三个门，一个用于朝廷官员，其他的用于访客。北门传统上是为天皇内宫嫔妃和她们的女官准备的。

院内有十八幢建筑，有屋顶回廊将其连接，形成了小型寝殿式院落，和由溪流、岛屿、桥梁、岩石、植被组成的庭院。院落中主要建筑是用于举行仪式的紫宸殿。像其他寝殿式府邸的正殿一样，它有一个升起的地板，通长包括一个巨大的、开放的中央区域，四边连接着坡屋顶厢房，被一个带有低栏杆的阳台所围绕。紫宸殿的宏伟屋顶由厚达三十厘米的柏树皮瓦片构成。紫宸殿前面的十八级台阶代表了宫内允许的十八个朝廷等级。建筑面对的是一个巨大的卵石庭院，在那里进行户外仪式和宫廷舞蹈。另一座建筑清凉殿是皇帝的居所，在它的中心是一个封闭的区域，这是天皇用来睡觉和存放贵重物品的涂笼。

皇宫御苑在明治时代开始迁往东京。搬迁后，包围宫殿的皇室宗亲和宫廷贵族的许多住所被遗弃并逐渐损坏。这些地区最终被改造为

京都御苑公园，这是宫墙外一个美丽的植被区，也是京都居民的静谧场所。

今天，古老的京都御所仍然维护有序，但仅用于新天皇的加冕。这里每年举行两次开放日，一次在春季，一次在秋季，一般公众可以看到诸多御所内建筑物的外部。而私人访问可以在位于御苑的宫内厅办公室提前预约。

上图：小御所（意为"小皇宫"）主要用作皇太子的仪式大厅。这座建筑代表寝殿式风格和书院风格之间的过渡。这座1896年林基春木版画所示的建筑在1954年烧毁，于1958年重建。

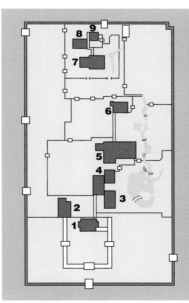

京都御所的简化布局

经过多次火灾，于1855年重建，现在的京都皇宫比平安时代的皇宫要小得多。今天，皇宫仅用于新天皇的加冕。

1 紫宸殿（国家大殿）
2 清凉殿（最初是皇帝的私人住宅，后来用作仪式大堂）
3 小御所（小皇宫）
4 御学问所（书院）
5 御常御所（天皇的住所）
6 御花御殿（皇太子的住所）
7 皇后宫常御所（皇后的非官方住所）
8 若宫御殿和姬宫御殿（皇子皇女居所）
9 飞香舍（女皇官邸）

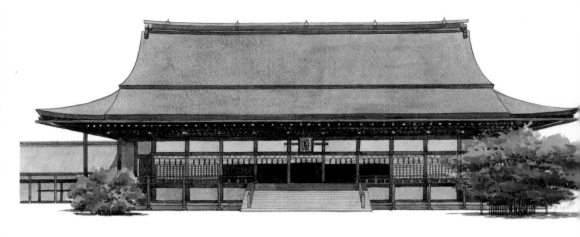

右图：紫宸殿是京都御所的主要建筑，曾举办重要的国家仪式。新天皇的登基仪式至今仍在这里举行。紫宸殿是寝殿式建筑的绝佳案例，有着架空升起的地板和华丽的柏树皮屋顶，而十八级台阶代表宫内允许的十八个朝廷等级。紫宸殿前面的被耙整的白色砾石是神圣的空间——与天皇神庙所见的相同。

左下图：透过西入口看向紫宸殿庭院。大门和有顶走廊覆以瓦屋顶，而柱子漆红色。

右下图：清凉殿的东廊，天皇的私人生活区。在天皇模特身后可以看到他白天坐在那里的质朴草垫的边缘。这样的建筑非常优雅但在冬天非常寒冷，因为其内部仅通过屏障和隔板与外部分隔。

对页图：室町时代的宫殿建筑，如京都金阁寺的一层（见第84—85页），受寝殿式风格的影响很大。

对后续建筑的影响

　　虽然早期寝殿式风格的宅邸现已不存，但寝殿式风格不仅对京都御所影响深刻，而且对许多其他形式的建筑都有影响，其中包括镰仓时代的武士宅邸，室町时代的宫殿庙宇（如京都金阁寺），以及一些江户时代的佛教寺院（如京都仁和寺、滋贺县大津三井寺的圆满院部分）。然而，也许最重要的是寝殿式风格对江户时代使用的书院风格的影响，例如京都的桂离宫就是早期现代住宅建筑的先驱。

　　寝殿式风格的一个特征对后续建筑产生了重大影响，即巨大宽敞的中心空间（母屋），并由周边部分（厢房）环绕。这个特征，加上使用可移动的房间隔板而非永久的内墙，为（室内活动）提供了相当大的灵活性，可以根据不同场合划分内部空间。

　　寝殿式风格的其他重要特征是架空升举的木地板（高床）和木瓦屋顶。这些特征将宫殿、住宅建筑与中国式佛教寺院区分开来，后者是瓦屋顶，且建在由岩石和夯土组成的平台之上。随后的日本建筑具有更轻巧的感觉，这种特征在平民的居住建筑中被吸收并进一步发展。

山寺

右图：在延历寺建造的第一座建筑是根本中堂。788年，在最澄去中国之前，曾在这里建造了一座冥想草庵。最初的根本中堂很小（约九米宽），有着柏树皮屋顶。然而，这座建筑最终扩展，大到包括两个部分：信徒的外部部分（礼堂或外阵），以及包含祭坛与主像的凹入部分（内阵）。内部的石地板比外部的木地板低三米。根本中堂于1571年被织田信长摧毁，于1642年重建。

下图：1571年比叡山庙宇被毁后，1595年从三井寺迁出金堂，（于是现在的）释迦堂成为京都附近比睿山延历寺西塔区的主殿。虽然从中华汲取灵感，但它的木瓦和山地布局带来一种日式的感觉。

平安时代的深奥佛教教派，如天台宗和真言宗在山上建造了许多寺庙，为学习和禅修提供安静场所。而奈良时代宏大的中国式寺院的主要功能则是仪式，这与平安时代的功能背道而驰。山区布置寺庙还与传统方法有其他的不同，例如放弃对称的布局和早期城市寺庙的围墙。

本土品位的影响

如前所述，中国和百济文化对日本产生了巨大影响。佛教以其复杂的哲学和先进的建筑技术，受到飞鸟时代和奈良时代日本教育阶层的热诚接受。尽管如此，伊势神宫所体现的本土品位标准仍然影响佛教寺院，从飞鸟时代的法隆寺发端，到平安时代的山寺成熟。这些本土品位标准对山寺的影响可归纳如下：

1. 由于地形不平整导致的不规则平面图，致使建筑物布局不对称；

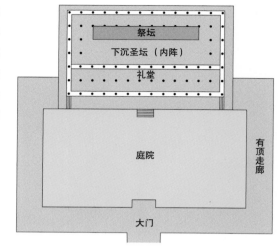

2. 屋顶上更多地使用天然材料，如柏树皮而不是瓦；

3. 对自然环境更敏感，例如将建筑物放置在树木中而不是清除植被；

上一页图：青岸渡寺的三层宝塔，这是一座7世纪的天台宗寺，位于一百一十三米高的那智瀑布附近，是神道最神圣的地方之一。青岸渡寺位于和歌山县，是纪伊半岛三十三朝圣寺庙的起点，供奉慈悲女神——观音。

下图：多宝塔（"多宝石的塔"）是为天台宗和真言宗的佛教教派而创建的。一楼的半球形区域，与宝塔的起源——原始的印度佛塔有一些相似之处，并由四边的附属坡屋顶（裳階）围绕，从而形成一个正方形平面。这里展示的宝塔位于滋贺县的石山寺。

4.建筑偏好，通常比具有巨大瓦屋顶的中式寺庙更为精致。

平安时代神秘山寺的典型例子如京都附近比叡山的延历寺、歌山市附近高野山的金刚峰寺和位于奈良南部美丽山区的室生寺。

比叡山

804年，天皇将最澄送往中国天台山的著名寺庙，研究佛学教义。这种教义基于《妙法莲花经》，但也受到中国道教的影响。日本称之为"Tendai"（天台），它教导说所有现象中固有绝对性（"即空、即假、即中"是唯一真实的绝对真理，是为万物的实相，译者帮助理解），而开悟来自研究经文、宗教实践和冥想的结合。当最澄从中国返回时，他的天台莲花教派被列入政府正式承认的六个奈良教派名单，并获得国家支持。

最澄，被追称为传教大师，在比叡山上建立了日本天台宗的总坛——延历寺，这座寺庙位于京都的东北部，以镇守京都不吉利的方位。延历寺长期以来一直是日本最具影响力的佛教学院，培养了净土宗、净土真宗、日莲宗、曹洞宗和临济宗等教派的创始人。包含了约三百座寺庙的延历寺有如此高的地位，以至成千上万的"武士僧侣"在各种场合袭击京都，对首都施加政治影响。1571年，桃山时代（1573年—1600年）统一日本的三位将军中的第一位——织山信长摧毁神山并屠杀了这里几乎每一个人。今天，大大缩小的延历寺包含约三十座建筑物，分为三个区：东塔、西塔和横川。

高野山

当空海（被追称为弘法大师）在中国学习时，他深深地受到另一种佛教形式的影响：毗卢遮那佛（日语为大日如来）是宇宙佛，所有其他佛陀由此发散生成。四种主要光辉对应于四个基本方向。日本佛教后期发展中最重要的是阿弥陀佛，无边光辉之王（西方佛）。对于其后的一些教派，阿弥陀佛更是居住在西方极乐世界的最重要的神灵。

当空海从中国返回时，他在京都东寺和高野山的金刚峰寺建立了双重总坛。

空海创建的新教派为真言宗（意为"真实世界"）。真言被称为"神秘的佛教"，其深奥的学说不能用文字解释。它非常重视仪式咒语，以及象征性地代表自然和宇宙结构的程式。今天，高野山总坛原有的一千个左右的寺庙已经减少到一百二十三个，原来的建筑群很少存续。

密宗佛教建筑

密宗强调逐渐激发信徒，从而领悟神秘知识和仪式实践。根据这一要义，大殿分为两个不同的区域，一个是新信徒的外部区域，另一个是发起者的内部密室。内部区域包含一个其后的空间附加以图像装饰的祭坛。大殿的内外

上图：高野山上的金刚峰寺，位于现在的和歌山市附近，是平安时代真言宗佛教山寺的一个例子。寺庙坐落在高地之上，掩映于高耸的常绿森林之中，是一个宁静的学习和沉思的地方。

区域分别有单独的屋顶，由一个覆盖两屋顶的歇山顶（入母屋）统一起来，采用的正是前文描述的双屋顶系统。木地板取代了早期寺庙的瓦石地面，而建筑屋檐延伸为悬臂，覆盖前入口的木台阶，木瓦或树皮往往代替瓷砖。如上所述，密宗不再强调建筑对称布置，更倾向于房屋布局适应自然条件。这种改良的唐式建筑在后期逐渐被称为和样（日式）风格，以区别于从中国传入的新风格。

室生寺

在奈良时代结束时，室生寺重建并附属于奈良的兴福寺。1694年，它成为一个独立的真言宗寺庙。直到最近，高野山附近的真言宗教

室生寺布局

1 五层宝塔
2 本堂（第一主殿）
3 金堂（第一主殿）

左图:室生寺金堂（第二大殿），建于平安时代早期，它有一个木瓦庑殿屋顶，木制阳台支撑在石台之上，以适应坡地。在背景中可以看到天然柏树林。

派总坛才对女性开放。

　　为了让女性有机会追随真言宗的信仰，真言宗佛教创始人空海下令，室生寺这样一个典型的早期山寺，应该向女性开放。出于这个原因，室生寺有另一个名字——"女人高野"，意思是"为了女人的高野山"。与奈良的宏大寺庙不同，这些建筑物分散在山坡上，建在任何可以找到的相对平坦的地方。而院落被墙围绕，进行明显划分的概念被废弃了，大部分的自然森林得以保留。

　　室生寺最重要的建筑是金堂、本堂、五层宝塔和供奉着空海的御影堂。金堂的历史可以追溯至平安时代，其中供奉着若干重要的形象。建筑前部区域支撑在木桩之上，在江户时代被增设为外部圣所。而本堂可追溯至镰仓时代，一座如意轮观音的雕像被贡住其中。室生寺的宝塔是日本最小，最优雅的宝塔之一，曾受到台风严重破坏，近期得以恢复。宝塔之外是通往御影堂的四百级台阶。树皮覆盖的屋顶和天然木材悄然融入森林，使室生寺成为佛教建筑中简朴情调的一个优秀例子。

上图：金堂外部的风化漆营造出一种古色古香，受到许多日本人的青睐。

左图：以和样风格建造的室生寺五层宝塔，高十六米，是日本最小的宝塔。也是最美丽的宝塔之一。

极乐殿

根据一个古老的佛教预言，从1052年开始，世界将进入末法（一个黑暗时期），在此期间，不可能通过善行、冥想和仪式获得救赎。获得救赎的唯一途径是通过对阿弥陀佛的个人信仰。于是到了平安时代晚期，日本各地都在建造献给阿弥陀佛的"极乐殿"。

预言的背景

"末法"的意思是"佛法的末期"，指从佛陀（释迦牟尼）去世后1500年开始的时期，此时他的教义将失去力量，社会将变得堕落。平安时代似乎符合了这一预言。堕落似乎无处不在，甚至延伸至佛教寺院，那里的僧侣似乎对财富、权力和享乐更感兴趣，而非精神价值。高僧空也走遍了日本，讲述了天堂的荣耀和地狱的恐怖，高僧源信则阐述对阿弥陀佛这位无限光芒之佛的崇拜，任何人以虔诚的信仰呼唤他的名字，阿弥陀佛将确保他在净土的重生。这基本上意味着重复默念阿弥陀佛的名字——"南无阿弥陀佛"的口诀意为"向阿弥陀佛致敬"。

强调恩惠而不是通过自我努力，为后来的净土佛教的各种教派的发展奠定了基础，其中第一个是净土宗，由法然上人（1133年—1212年）创立。净土宗的总坛是京都的知恩院，成立于1234年。法然的首席弟子是亲鸾上人（1173年—1262年），净土真宗（净土宗真宗派）的创始人。空也和源信的教导起了作用，宫廷贵族开始在他们的庄园建造私人极乐殿，这些寝殿式风格的豪宅坐落于园林和池塘间。目标是在人间创造净土（西部极乐世界）的愿景。这些教义也传播到乡镇，有权势的家族也建立了像京都那样的阿弥陀佛极乐殿。

净琉璃寺

净琉璃寺位于京都府，其池塘边有一座三层宝塔，从东面的茂林中升起，西面则是一座极乐殿。这座宝塔于1178年从京都的一座寺庙搬迁而来，供奉着药师如来（治愈之佛）的塑像，代表了东方极乐世界。长方形的极乐殿建于1107年，于1157年拆除并迁至现址，代表阿弥陀佛的西方极乐世界。它供奉着九座阿弥陀佛雕像，每座代表着涅槃的九个阶段之一。

池塘中心的小岛代表着尘世，位于东方和西方的极乐世界之间。这种象征主义和自然美的结合唤起了一方秘境，将信徒带入尘世中的天堂。尽管建造有九座阿弥陀佛像的极乐殿在平安时代后期非常普遍，但净琉璃寺是目前这一类型唯一的留存。

上图：三层宝塔（重建于镰仓时代）位于净琉璃寺极乐殿对面的池塘。

左图：阿弥陀佛极乐殿代表了西部极乐世界，池塘另一侧的宝塔为代表了东方净琉璃，两者之间的岛屿则代表了人间。

净琉璃寺

1 极乐殿
2 三层宝塔

下图：净琉璃寺的极乐殿。它的位置使站在池塘东岸的信徒可以向西朝拜大厅内的九座阿弥陀佛雕像，每个雕像代表涅槃的九个阶段之一。

右图：平等院的布局，其形状像凤凰，中央大厅位于正中，有屋顶的回廊位于两侧并通往后方。

平等院

　　1052年，强大的摄政大臣藤原道长的儿子藤原赖通，将他在京都南部宇治的一座家庭别墅变成了被称为平等院的寺庙。这是一个敬献并崇拜阿弥陀佛的极乐殿，藤原赖通也于次年开始在凤凰堂工作。尽管（极乐殿）在火灾、地震和洪水，甚至内战中都安然无恙，但其他（部分）建筑物于1336年被楠木正成烧毁，这位后醍醐天皇的追随者曾对镰仓幕府发动过失败的叛乱。今天，极乐殿最古老且最好的例证如凤凰堂，以及观音堂（献给慈悲女神观音），仍然在原始寺庙院落中得以留存。

　　寺庙的中心建筑——凤凰堂，以优雅的设计，去描绘出一个经文所示的多层建筑的形象。它模仿风格化的凤凰造型，两侧是有着人字坡顶，升起屋檐的翼状走廊，以及通往后部的尾廊。而安装在屋檐中脊线顶部的一对凤凰是日本的国宝。

　　凤凰堂内供奉着一座三米高的11世纪阿弥陀佛雕像是另一处国宝，壮丽华盖之下的大佛于莲花宝座上冥想，围绕其侧的是精致的木雕祭拜菩萨，形态各异，或奏乐，或祈祷，或持佛器。

　　凤凰堂位于阿字池西侧。藤原家族的成员曾经坐在池塘的另一边，凝视美丽的阿弥陀佛堂，想象他们在西部极乐世界的重生。

上图：平等院的凤凰堂。通过前面讨论的双屋顶构造方法可以实现屋顶平缓的曲线。通过对柱子切斜面，屋檐梁架和椽子的处理，整体效果进一步柔化。随着时间的推移，木材的原始漆红和奢华的室内装饰已经大大减弱了。目前室内复原工作正在进行中。

上图：中尊寺的金色堂（阿弥陀堂）是日本国宝，也是平安时代这座最初包含四十多座建筑的院落中，两座幸存建筑之一。建于1124年的内部镀金大厅与建筑外观形成鲜明对比，后者是一座建于1970年的抗震防火的钢筋混凝土保护大厅。另一个幸存的建筑是建于1108年的经堂。整个建筑群坐落在古老的雪松林中。

中尊寺

平安时代为数不多的极乐殿之一是山顶上中尊寺的金色堂，这是一座9世纪的寺庙，由日本北部岩手县平泉的圆仁高僧创立，起初是一个军事前哨基地。

藤原家的北方分支首领藤原清衡，决定将平泉作为他的首都，并以京都为蓝本修建。他重建了中尊寺，其中包含了四十多座建筑和宝塔，只有金色堂和经堂留存至今。金色堂是一座可以追溯至1124年的小阿弥陀堂（十八平方米）。它的整个表面镀金，因此得名金色堂。

虽然很小，但金色堂内有着三位一体的阿弥陀佛像，其两侧是六尊地藏菩萨和四大护法天王的雕像。在大厅下面（须弥坛内）埋葬了前三位藤原领主的遗体。金色堂于1962年得以恢复，从那时起它被上图所示的防火建筑围护起来。附近的旧覆堂木制大殿建于1288年，保护了金色堂六百八十年。中尊寺金色堂被认为是平安时代最精湛的工艺之一。由于它位于日本北部，使其更显独特。

新近的极乐殿

西本愿寺是最初净土真宗的总部，这个教派由亲鸾圣人创立，起初是他的女儿为了纪念亲鸾而竖立的陵墓。1591年，丰臣秀吉在现在的京都站附近授予了寺庙一片土地。

1617年，比叡山延历寺的僧侣烧毁了这片场地的原始建筑。创始人大殿（即开山堂）于1636年重建，而阿弥陀堂于1760年修复完工。两者都被列为重要文化遗产。大部分的寺庙建筑群被指定为世界文化遗产。

两个能剧舞台，飞云阁（与金阁寺、银阁寺并称为日本三大名亭）和壮丽的唐门被认为源于丰臣秀吉所建的伏见城，后者被德川家康拆除。唐门是桃山时代所推崇的华丽品质的很好例证。

另外还有现存最大的书院风格建筑（见第81页），其中包括几间装饰华丽的房间，被方丈用来接待重要的客人。与书院的富丽堂皇形成鲜明对比的是，装饰更为精致的黑书院。

今天在京都有两个本愿寺：前述的最初寺庙，俗称西本愿寺，以及1602年在其附近修建的东本愿寺。德川家康将军由于畏惧西本愿寺的强大权利，鼓励东本愿寺的建造。尽管经历分裂，西本愿寺仍然是日本和全世界一万零五百座寺庙的总坛。

右上方图：京都西本愿寺的阿弥陀堂长宽三十七米和四十二米，高二十九米。这个建筑有一个大型外阵（会众区），以容纳许多来这里敬拜的普通信徒。

中图：阿弥陀堂内的祭坛上供奉着阿弥陀佛像，其两侧是来自印度，中国和日本的佛祖雕像。外阵中的木制品未上漆，而内阵（祭坛区）则饰有金箔、黑漆和多种颜色，以放大内阵所代表的西方极乐世界的宏伟。

右图：东本愿寺本堂之图，林基春1896年绘制的木版画。

神道与佛教建筑的融合

佛教的引入带来了这样的问题，如何使新宗教与本土神道教信仰相协调。最雄心勃勃的解决方案是这样一种学说，声称神道神是佛陀和菩萨的化身或显灵。这种神灵的融合有时也伴随着僧侣职能和宗教建筑的融合。

共生关系

神道教与佛教建筑的相互影响已经在前文被提到。例如，许多神道教神社采用了佛教形制；又例如双层楼大门，祭拜大堂，连接回廊和朱红色木材。另外，许多佛教寺院朝着更为本土化的方向发展。其特点是不对称性，更多地使用天然材料，以及建筑物与自然环境的共鸣。然而，后来的发展超越了相互影响，更达到了宗教折中主义——神道教与佛教信仰和实践的融合。

这种折中主义有多种形式。日本早期佛教的一种常见做法是安抚当地神灵，这些神灵可能会对新宗教侵入其领地深感不安，于是便诱使这些本土神明为佛教寺院提供保护。这是通过在神道神社附近建造佛教寺院，或在佛教寺院的基础上建造神道神社来完成的。作为回报，佛教僧侣向本土神灵提供帮助，神道教本土神灵像其他大多数生物一样，被认为无法逃脱无休止的重生轮回。于是通过在神道教院落上建造佛教建筑，并在神道神社前咏颂佛经来帮助这些神灵。

将神道和佛教神灵配对

日本最早的宗教融合支持者之一是役小角（出生于7世纪），据说他确信日本各种山脉的神明是宇宙弥勒佛的真实表现。真言宗的创始人空海则在9世纪将这一概念系统化，并发展了"两部神道"的学说（意为"双重神道"）。在真言宗信仰中，一个宇宙有两个维度。任何可以通过五种感官体验的领域是现象维度，在这个维度背后隐藏着一个本质领域，可以通过适当的仪式以一种神秘的方式体验。真言宗神学家认为神道神是佛教神灵的具体表现，通常代表了更抽象的形而上学的内核。

上图：观音寺城，一个滋贺县的天台宗佛寺。寺庙大门前挂着一个锣，就像过去神道教神社那样，祭拜者常常通过拉绳子敲锣，向居住其内的神灵宣告自己的到来。这是宗教融合的一个佳例。

右图：1757年京都北野天满宫的一些建筑物，展示了多宝塔式佛塔、佛堂、经堂和主神社等佛教建筑。神社建筑仍然存在，但佛教结构已被拆除。根据日本国立历史博物馆的模型绘制。

北野天满宫布局

1 天满宫神社
2 佛堂
3 经堂
4 多宝塔

整合宗教功能

自13世纪至19世纪，从理论和实践上结合两种宗教的尝试屡见不鲜。例如，神道教和佛教法器混合出现在同一建筑之中，而仪式活动则只由一名僧侣或神职人员主持。这种情况下，两种宗教几乎无法区分。而宗教融合最终被大多数人所接受，并一直保持其影响力。直到1868年明治维新，此后两种宗教分离，神道教成为国教，促进民族主义成为其主要政治功能。尽管两种宗教被迫分离，但直到今天仍有许多神社和寺庙仍显示出宗教融合的痕迹。

八幡神社

一个有趣的宗教融合的例子是九州的宇佐神宫。战神八幡神在571年首次出现，被两部神道教的神职认为是阿弥陀佛的化身。因此，宇佐神宫融合了许多佛教特色，比如钟楼和礼佛堂。今天，入口附近的莲花池是为数不多的佛教痕迹之一。

左图：屋岛寺神社位于京都东寺，体现了将神道教神社融入佛寺场地，这种做法至今仍然普遍存在。

武士道

在平安时代末期，平氏与源氏之间展开了一系列战争，最终源氏获胜。为了摆脱京都的文化影响，源氏在镰仓建立了军事幕府，从而为受武士道原则支配的封建社会奠定了基础。

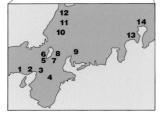

1 姫路城
2 鹤林寺（加古川市）
3 大阪
4 平城京
5 丰臣秀吉的伏见城
6 平安京
7 三井寺（大津市）
8 织田信长的安土城
9 犬山
10 一乘谷
11 永平寺
12 金泽
13 镰仓
14 江户

镰仓时代（1185年—1333年）

在源赖朝创建的镰仓新军事政权下，武士成为统治阶级。这种阶层统治中，武士保留着对他们的家族领主（大名）的忠诚，而后者反过来受到最高军事统治者幕府将军的控制。虽然幕府将军接受天皇的任命，但后者仅保留了象征性的权力。这个军事政府系统被称为幕府。

与强调精致优雅的京都宫廷特色相反，新武士阶层则重视简约、力量和现实主义。源赖朝重建了奈良的东大寺和兴福寺，这些寺庙曾在平安时代末期的氏族战争中被烧毁。东大寺重建历时二十年时间，涉及一小批木匠和工匠。由此产生的大佛风格具有英雄气质，象征着镰仓幕府重建有力中央政府的决心。

镰仓时代早期的动荡促生了新的"净土"佛教教派，例如净土宗就是从前朝平安时代的阿弥陀佛教发展而来。同时，日本僧人也去中国学习禅宗，他们在镰仓时代后期将禅宗带回日本，在随后的室町时代对武士文化做出了重大贡献。

然而，在九州建立军事要塞的巨大消耗加速了源氏政权的垮台。继承者足利氏族将其军事首都迁至京都的室町地区，于是京都成了朝廷和军事幕府的双重首都。

室町时代（1333年—1573年）

禅宗吸引了武士阶级，因为它强调直觉意识和审美表达，而不是深奥的信仰和践行。另外，禅宗促进支持了许多艺术形式，比如水墨画、书法、插花、茶道、园林景观、能乐剧和武术。掌握一种艺术被认为是一种训练身心的方式，从而对武士产生实用益处。

禅宗也影响了这一时期的建筑。它从中国引入了新的寺庙建筑法则，并对武士房屋的发

武士住宅

镰仓时代的武士住宅遗迹已不存。然而从考古工作中可知，它们位于平坦的地面或山脚下略微倾斜的土地上，通常被墙壁和护城河包围。护城河不仅对防御至关重要，而且很重要的是为周边地区储存农业用水。这座住宅模型根据镰仓时代卷轴画制作，屋主是为幕府工作的武士。屋主建筑（母屋）及相连建筑（的风格）与寝殿式风格相似。其主要区别在于寝殿式风格建筑通常使用柏树皮屋顶，而这里所示的屋顶使用了茅草和木板的组合。另有几座侍从的辅助建筑，以及一个烹饪棚屋，马厩，一个供仆人使用的地坑宅和一个菜园。

左图：细川邸，如同16世纪屏风画（国立日本历史博物馆）描绘的京都及周边地区的街景。细川家族是足利幕府将军的世袭封臣。细川邸代表了寝殿式建筑的适应性改进，也反映了当时上流武士的风俗。三座主要建筑物的对角线布置与之后发展的书院风格类似。

大门　玄关车寄

展产生了影响。然而它最高的建筑成就是创造了茶室，如"侘寂"所表现的简洁、自然且轻描淡写，强调了茶道的美感。

室町建筑的其他案例包括京都著名的寺庙园墅——金阁寺和银阁寺。最终，足利幕府失去了对其他部族的控制权，随后发生了十多年的战争（应仁之乱），导致了京都朝野的巨大破坏和贫苦。

他的儿子被德川家康击败，军事首都被迁至江户（现今的东京）。此举标志着江户时代的开始，其特点是长达二百五十年的相对和平与稳定，以及对西方及其影响力的隔离。

桃山时代 （1573年—1600年）

日本由接连的三位著名军事领袖重新统一。1573年，织田信长击败足利幕府，控制日本中部。他在京都附近的琵琶湖畔建造了日本第一座重要城堡——安土城。其外观色彩缤纷，唯有内部的富丽堂皇与之匹配。织田信长于1582年被暗杀，同年安土城被烧毁。尽管存续时间短暂，但织田信长的城堡对后来的城堡产生了强烈的影响。

在织田信长去世后，丰臣秀吉掌权并继续军事统一进程。可能是由于他卑微的农民背景，丰臣秀吉奢侈地展示财富，建造了豪华的宫殿和城堡，比如1600年被烧毁的，位于京都南部的伏见城。秀吉还重建了大阪城，这是当时的主要堡垒之一。他于1598年去世，1600年

左图：织田信长的安土城模型，基于该时期各种文献生成的平面图（内藤昌）。此图依据滋贺县安土町役场的模型绘制。

住宅建筑的新准则

右图：第八足利将军足利义政的书房，位于京都银阁寺的东求堂。这是日本现存最古老的书院风格的房间，室内一端是内置书桌和架子。内置书桌背后有滑动纸门（障子）。该书房被称为同仁斋。

早期的现代住宅建筑源于室町时代的书院风格，后者由平安时代的寝殿府邸逐渐发展而来。书院风格用于寺庙的生活区，或是用以招待客人的幕府将军别墅。它包含了一些特征，比如隐藏式房间（凹间）、内置桌子、交错的架子和装饰性大门等。

僧侣住宅

如果要了解日本住宅建筑的发展，那么了解僧侣住宅与贵族和武士住所就很重要。在飞鸟时代和奈良时代，佛教僧侣的居住区通常以对称的U形建造，甚至直接建在主要寺庙建筑的背后。到了平安时代，佛教寺院建筑受到日本品位的影响，偏爱不对称的布局。于是僧侣开始在寺庙中更私密的区域建造他们的生活区。由于大多数僧侣来自贵族家庭，他们采用了用于贵族府邸的寝殿式建筑风格。

平安时代晚期和镰仓时代出现了新的佛教门派，从平民而非贵族家庭中招募他们的僧侣。因此许多僧人无法负担寝殿式风格的建筑，更喜欢生活在简单的书院风格建筑之中。从字面上看，"书院"意为"写作厅"或"书房"，包括诸如内置书桌和书架这样的元素。

而在室町时代，许多足利幕府将军在离开职位后成为僧侣。像金阁寺和银阁寺这样的退休将军府邸都采用了寺庙生活区的基本设计概念，如包括一个或若干个佛堂和一些寝殿式风格的住宅。这些建筑通常会有个书院风格的房间，用作书房或招待客人。

建筑特征

书院风格除了四个基本特征（壁龛、书架、书桌和装饰门），一个书院风格的房间还有满铺地面的榻榻米垫，斜面的方柱，内凹或格子样式的天花板，滑动门（即用于划分室内空间的滑幕），障子（即用半透明米纸包覆的木格子室外滑动门）和雨户（即重型木门，可在夜间或恶劣天气时关闭）。

随后发展出更多正式的书院风格房间，供重要客人娱乐。房间一端的地板升高，主客端坐于此，另含有凹间和交错的架子。正式的书院风格房间通常被佛寺住持或幕府将军使用。在江户时代，书院风格又催生了数寄屋风格，其中增添了诸多变化以适应主人的品位。

下面：华顶殿是典型的书院风格房间，位于京都的天台宗寺庙青莲院。凹室位于左侧交错搁板和另一面墙上内置书桌之间。房间与相邻区域被一方精心雕刻的横楣（栏间）分开。

左图：大厅，京都二条城二之丸御殿中最重要的建筑，室内尽端有一个巨大凹间，其右侧有交错的架子和装饰门。凹间的左边是一个内置式书桌。幕府将军从江户来访问时，与他的客人一起坐在这处抬升的地板之上。

左下图：位于金泽的成巽阁别墅是一座两层坡屋顶建筑，由前田齐泰（第十三代加贺大名）为其母亲退隐居住所建造。位于一楼的会客室有着正式书院风格房间的所有特征：凹间、内置书桌、交错架子和装饰门。此外它还有抬升的地板和精致的横梁。照片由成巽阁提供。

最古老的书院风格建筑

室町时代唯一留存的书院风格建筑是银阁寺东求堂。京都醍醐寺内有一座建于1598年的建筑，外观看起来像寝殿式风格，但其内部则是书院风格。

三井寺是位于滋贺县大津市的天台宗寺庙，它的两个子寺庙的客厅是江户时代早期著名的书院风格建筑。其中一个具有书院风格完整的四个基本特征：凹入式壁龛、交错架子、内置书桌和装饰性门扇。大多数书院风格的房间仅拥有其中的两个或三个特征。

江户时代其他重要的案例包括京都西本愿寺的两个书院风格的房间，以及京都二之丸御殿的两个房间——这座建在二条城的宫殿由第三代德川幕府将军德川家光建造，用于1626年天皇的访问。

书院风格的持续与传播

书院风格建筑最终被各行各业的富豪和权势阶层采纳。除了用于宫殿和重要寺院，这种风格的房间被融入高级武士家庭的别墅，甚至富裕农民的家宅，并在江户时代初期达到顶峰。即便今天，书院风格的房间和建筑物仍继续建造。

书院风格历久弥新且广为传播，主要原因在于其品位优雅臻于完美，在日本建筑中从未被超越。因其对早期现代住宅建筑的影响，这种风格极为重要，其特征包含榻榻米垫、划分的灵活内部空间的滑动纸门、放置艺术品的凹入式壁龛，以及覆有半透明米纸的外部滑门。

下图：京都仁和寺的寝殿（主楼），由宇多天皇于888年建造。1911年重建时，混合了寝殿式风格和书院风格。寝殿中的一间是一个正式的书院风格房间，方丈于信众面前而坐。

左图：爱知县暂游庄的大型接待室。这个房间包含所有书院风格的特征，包括深深的凹间壁龛，附属的障子窗、内置书桌、交错架子、滑动纸门和满铺的榻榻米垫。所有的元素相结合，创造了一览无余的空间，营造出平静温和的优雅氛围。

金阁寺与银阁寺

室町时代是禅宗文化的黄金时代。室町建筑两个最好的案例是京都的金阁寺与银阁寺。作为第三代和第八代足利幕府将军的私人住宅，两个院落在其主人过世后转变为禅宗寺庙。

金阁寺

关于镰仓时代幕府将军住所形象的记录不存。由于当时武士尚未形成自己独特的文化或建筑风格，早期的幕府将军很可能从贵族那里借用了寝殿式风格。在随后的足利幕府统治，幕府府邸继续以寝殿式风格建造，即主殿通过有顶回廊和几座附属建筑连接。

1397年，第三任将军足利义满让位其子，以便专注于宗教和艺术。在京都一个古老贵族家庭破旧的府邸基础之上，他开始建造北山殿（意为北山邸宅）。新府邸由几栋寝殿式建筑和一座金箔覆盖房顶的亭子组成，从而衍生出"金阁"的名称。据记载，院落北部一座寝殿式风格的宫殿被足利义满和他的夫人用作私人住宅。南边的一座宫殿用来招待客人。此时，人们需要一个更为非正式的会议和娱乐空间，从而形成了一种新的建筑风格，即"会所"，它被添入寝殿式风格的建筑和金阁之中。正式的会议在其中一座寝殿式风格建筑物中举行，之后与会者移步至会所，在更为轻松的氛围中，幕府将军展示其艺术品收藏。

建筑围绕着一个水陆皆宜的回游式庭园布置，院落中心的湖泊倒映着金阁。这里采用了"借景"的园林设计手法，背景的山丘和京都西部及北部的平缓山脉的景色被纳入构图之中。当别墅于1408年完工时，足利义满举行了一场持续数天的盛筵，甚至天皇及其随行显贵悉数莅临。

足利义满去世后，其府邸转变成了临济宗寺庙，即鹿苑寺。大多数原始建筑之后在陆续的战争中被毁灭，仅有金阁留存。今天，鹿苑寺被冠名以更为流行的名字——金阁寺。但其著名的金阁在1950年被一位发疯的僧人烧

上图：金阁寺木版画，林基春（1896年）。

对页图：金阁寺的金阁兼收并蓄三种不同建筑风格：寝殿式、武士式和禅宗式。金箔的丰富使用通过屋檐的精致曲线和屋顶树皮瓦片来平衡，创造出优雅的建筑，以惊人的方式结合了日本本土和中国元素。

第86—87页图：金阁位于镜湖池的东北边缘，可以欣赏到池塘以及京都西部和北部的山脉。

金阁寺布局

1 金阁
2 方丈
3 库里
4 夕佳茶亭

毁，一座忠于原状的复制建筑于1955年建造。1987年，原始厚度五倍的一层金箔被应用于金阁，室内天花板上的图案也得以恢复。其后这座寺庙在1994年被指定为世界文化遗产。

金阁寺的建筑

金阁是一座高约十二点五米的三层楼阁。三种建筑类型巧妙地融合在一栋建筑之中。一楼立面由免漆的木柱和白色石膏墙面构成，其寝殿式风格体现在室内大型开放空间及其周围环绕的檐下回廊。

被称为武士风格的二楼是一座佛堂，带有滑动木门和可拆卸格子窗。它珍放了观音菩萨像。三楼采用禅宗风格，设有钟形窗户和镶板门。它反映了足利义满的宗教折中主义，它供奉了一座净土宗风格的阿弥陀佛像和二十五尊菩萨像。从外到内，金阁的二层、三层都覆以金箔，也是金阁寺的名称由来。建筑的锥形屋顶铺着木瓦，其尖顶矗立着镀金凤凰。

下图：金阁寺最近重建的库里，是典型的寺院生活区，大多数禅宗寺院都会为僧侣建造。倾斜的人字形屋顶上平铺瓦片，屋顶上含有厨房的排烟口。

银阁寺

足利义政是第八任足利幕府将军，他试图重建祖父足利义满的金色岁月。于是足利义政花了八年时间建造东山殿（意为东山别墅），最初的十二个建筑物包括观音堂（俗称银阁）、东求堂、冥想室和招待客人的非正式建筑会所。随着1490年足利义政的去世，整个工程在主楼观音堂完工之前戛然而止。因此建筑物没有像最初计划的那样被银箔覆盖。东山殿是日本东山文化的发源地，因为足利义政对艺术的喜爱激发了插花、茶道、香道（焚香之道），以及其他艺术门类的发展，即便在今天仍苗壮成长。

如同金阁寺一样，在足利义政死后，府邸变成了禅寺，后来被称为慈照寺。在江户时代，慈照寺转而被称为银阁寺。随着时间的推移，大多数建筑物遭到毁坏，最终只存观音堂和东求堂。银阁寺在江户时代中期曾经增设了一座大殿，1993年则新添了一座书院风格建筑。

上图：银阁寺的观音堂（银阁）是一座两层楼阁建筑，灵感来自金阁寺。其相似之处可见于基本比例、屋檐线条、屋面木瓦、一楼的矩形开口、顶层的尖头窗户以及带栏杆的优雅回廊。尽管建筑物从未像原先预期的那样覆盖银箔，但仍独具魅力。相比于金阁寺，许多日本人更喜欢它，因其谦逊地融入了周边环境。它是"侘寂"美学的象征，自茶道发展而来，且第八任幕府将军尤为钟爱。

银阁寺布局

1 银阁寺（观音堂或成银阁）
2 向月台（砾石锥或称"观月台"）
3 银沙滩（银沙之海）
4 东求堂

上图：银阁寺庭园另一个引人注目的是一片倾斜的砾石区域，内含一座完美造型的砾石锥，被称为向月台（观月台）。

银阁寺的建筑

观音堂是一座两层楼阁建筑，一楼为书院风格，足利义政在这里练习禅修。带有镶板墙的二层则是祭拜堂，立面上设有纸质推拉门的尖顶窗户。这里供奉着观音菩萨镀金像。

东求堂建于1485年，其中木地板祭室最初供奉着阿弥陀佛像，而其他三个房间则铺以榻榻米垫。其中一间由四叠半榻榻米垫构成，是日本现存最古老的书院风格的房间。它被认为是即将描述的一种草庵风格茶室的原型。像这些榻榻米垫小房间是全新建造的，比此前上层贵族寝殿式建筑的标准房间面积要大得多。为了表现出足利义政的折中主义，东求堂中供奉的阿弥陀佛像面对一个早期禅宗风格围湖而建的回游式庭园。

左图：银阁寺东求堂是一栋单层建筑，歇山屋顶，屋顶覆以桧木树皮。银阁和东求堂比金阁寺更加谦逊克制，因而被定为国宝。

茶之道

茶道起初很简陋，最先为佛教僧侣们使用，以使他们在冥想期间保持清醒。后来茶道被用于贵族们精致的品茶游戏。从镰仓时代开始，饮茶已经发展成为不同学派的精致仪式。今天，与茶道相关的建筑继续发挥其影响力。

茶道的发展

茶道可以在不同建筑内的专属房间进行，如私人住宅、宫殿、寺庙或城堡，或者在专为茶道仪式而营造的建筑物中。这里"茶室"用于指代这两种类型。

草庵茶室

位于犬山市有乐苑的草庵茶室，由千利休的弟子织田长益于1618年建造，这座草庵风格建筑是日本国宝。尽管茶室面积狭小，但是织田长益的设计天才可见诸一些茶室元素，例如窗户开口覆以竖向的竹板条，允许光线和空气进入；墙壁的下部裱糊旧日历；以及壁炉一角的自然树干立柱。其他有趣特征如爬门，与凹间相邻的三角形墙（下图中未显示），靠近炉膛的黑色漆木区域和室内拱形门洞。

在镰仓时代，饮茶从中国引入并得到了禅宗的认可。禅宗对室町时代和桃山时代的茶道发展产生了很大的影响。对这种转变产生最大影响的个人是千利休（1521年—1591年），他使茶道成为一种高雅的审美仪式，并具有深刻的哲学和宗教内涵。同时他也是军事统治者织田信长，以及织田信长的继承者丰臣秀吉的个人茶师。

千利休崇尚俭朴，强调"寂び"（意为随岁月而来的黯淡）和"侘び"（意为简单，自然和不完美的事物）的美学概念。这些品质体现在宁静的坪庭环境，简朴的茶室，天然材料的使用，不起眼的茶道容器，以及茶师看起来毫不费力却优雅非凡的动作。据说，随着丰臣秀吉的大阪城变得越来越大，千利休的茶室却变得越来越小——这是对大军阀浮夸品位的含蓄批评。最终，两人不幸分道扬镳。

后来的茶道历史

茶道被传袭给了千休利的三位亲戚，包括他的继子，每个人都开创了不同的茶系。然而所有三个支系都继承了千利休所强调的朴素与低调，并采用草庵风格的茶室，小而简单。千休利还有其他七个门徒。他们主要是丰臣秀吉的武士随从，他们的茶室采用了书院风格的建筑。书院茶室更适合他们的贵族和身份，相较于草庵风格空间更大，且减少了乡野气息。至江户时代早期，两种风格已经倾向于相互借鉴各自的特点。

茶室的共同特征

关于草庵茶室建筑的最初灵感出处存在分歧，但大多数历史学家都认为其中一种影响来自书院风格。另一种则是日本农舍民家，其采用自然材料，营造轻松质朴的氛围。当然，民家的特征得到改进，以取得精微的宗教与美学意味，从而适合于茶道。

一个茶室包含两种主要元素：建筑本身和

对页图：毗邻于暂游庄茶室正式区域，是一间带有茶具橱柜的凹室，地板"水槽"上铺有竹席，用于清洗茶具。

左图：夕佳亭茶屋位于京都金阁寺，由江户时代茶师金森宗和建造。茶屋前面的石灯笼和石制洗手盆，是金阁寺创建人幕府将军足利义政的藏品。

坪庭。进建筑需要通过低矮的"爬门"。这种设计起初是为了防止武士带刀进入。这也象征着这样的事实，一旦进入，无论官阶，众生平等。进入室内，则是供客人席地而坐的榻榻米垫，用于悬挂画轴和摆放插花的凹室，以及一间或多间可供选择的，用于茶道准备的接待室。

根据仪式的种类不同，这些房间大小从两叠到八叠甚至更多。在千利休时代之前，墙壁以泥土砌筑，覆盖以白纸。而在他之后，简朴的泥墙变得流行，有时会在其上漆涂绿茶粉的颜色，或者将泥浆混合红色贝壳及谷壳，制成红色墙壁。这些泥墙的下部必须覆以日本和纸或纸板，以防弄脏衣物。而茶室的窗户则由不同大小和形状的开洞组成，覆盖竹板条或日本米纸等材料。建筑室内的杆柱被剥除外皮，红色颜料与烟灰混合施涂其上，形成柔和的深色，与茶具的美感相得益彰。

坪庭是茶室不可或缺的一部分。它通常由门隔开，一分为二。外部区域提供有顶的座位，客人可以安静地等待茶师的召唤，在此区域另有一处装饰性私密的空间。内部区域则可能有另外的座位，洗手水盆和供客人行走的汀步。在前往茶室的路径上，较大的踏石指示着停歇的位置。在有的坪庭中，还可能包含石灯笼及一些灌木乔木。

左图：毗邻如庵，正传院是一座书院风格的巨大房屋，有乐在这里居住并以茶道招待客人。这座建筑包含几个大型榻榻米垫房间，相互由推拉门隔开。图片的中下部是一间凹室（在壁炉后面）。这样大小的面积可以容纳大量的客人。

茶室坪庭

坪庭是茶室不可或缺的一部分。通过宁静的自然环境帮助茶道参与者进入仪式。步入坪庭入口后，客人会坐在有顶的等候区，静待茶道开始。而后应茶道师的邀请，参与者用石盆洗手漱口，然后踩着石头汀步进入茶室，并在较大的石块上停留，稍作沉思。人们将自己的鞋子留在入口处，然后弯腰穿过窄小的"爬门"。这些照片在爱知县犬山市有乐苑拍摄，其中如庵（一座小型的草庵风格茶室）和正传院（一座大型的书院风格建筑），以及其他几座建筑物都在1970年搬迁至此。

右图：有乐苑庭园布局，临近如庵，正传院元庵等建筑。

通往如庵的石径。

茅门由覆盖茅草顶的杆件构成。屋顶上的竹木框架，旨在将茅草固定到位。

旧正伝院书院

元庵茶室

如庵茶室元庵的入口区域，在通过 "爬门"进入茶室时，鞋子存放于此。门的上方和左侧是一个架子，过去武士会将他们的刀存放于此。门的上方是一处覆盖竹格的洞口，通过一扇米纸木框滑窗进行开合调节。

水流经由竹筒注入石盆。

元庵茶室

等候区是带有泥墙的简朴围合空间，内含长凳，土墙内部用和纸覆盖，以防弄脏衣服。

如庵茶室

封建时期的寺院

奈良时代的佛教寺院以中韩建筑原型为基础，风格相对一致。然而随后的发展却并非如此。在平安时代，阿弥陀佛教产生了新的教派和建筑风格。在镰仓时代，大佛风格和禅宗风格从中国宋朝引入，此时的折中风格既包含了两者的元素，也融入了更早期的建筑特征。

日样风格

为了适应日本的环境，日本人对从中韩引入的原始建筑技术进行了改造。其中一项主要改进是加强建筑连接处强度，使之更能抵抗地震和台风。早期的改进和设计创新以双层屋顶系统为例，这些构成了日样风格。

大佛风格

大佛风格被高僧重源用于东大寺的重建。他在中国南宋学习建筑技术。当奈良时代的东大寺在前一年被烧毁后，重建工作于1181年开始。今天东大寺的南大门仍保持着重源时期的模样。新技术的主要特点是使用层层构架来支撑巨大的屋顶。屋架嵌入柱中，并通过横向连接件加固，这些横枋插入柱心并延伸至整个建筑长度。虽然这种技术有效且带来简洁的外观，

但它涉及在柱子上穿孔，从而削弱了结构强度，因此在后世使用不多。东大寺院落在镰仓时代重建，在遭遇灾难性大火后，于1700年左右又一次重建。现在的大佛殿虽然只有原来三分之二大小，但仍然是世界上单一屋檐下最大的木构建筑。

禅宗风格

禅宗风格发展于中国宋代，在镰仓时代由两位留学中国研修禅宗的僧人传入日本，分别是荣西（1141年—1215年）和永平道元（1200年—1253年）。尽管镰仓时代的禅宗风格建筑很少留存，但是重建的建筑物通常非常忠实于原状。

禅宗风格的特色如下：柱子的顶部和底部斜切（梭柱），立于带有雕刻的石材础盘之上，础石垫在础盘之下，共同置于升起的石面平台上。朱漆的方柱横梁与之前风格相比更为纤细。屋檐梁架不仅像日样风格及大佛风格那样，支撑在柱子之上，也连接于柱间。而门窗通常为尖顶。大多数禅宗风格的建筑都是歇山顶，其下有枊檐，从而呈现出两层楼般的外观。禅宗风格最初的屋顶采用中国样式铺设，而后瓦片经常被木瓦或茅草所取代。

禅寺整体平面对称，主要建筑物布置在中轴之上。最初禅宗建筑由有顶的回廊连接，形成若干庭院，这种布置仍然可见于曹洞宗本山之一的永平寺。

折中风格

在镰仓时代即将结束时，不同的风格之间开始吸收彼此的特征，创造了所谓的折中风格。于是诸多难以分类的风格产生了，而以纯粹日样风格建造的寺庙则数量锐减。

折中风格的一个很好的例子是京都东福寺的三门。作为京都五大禅寺之一，东福寺于1255年建成，但在14世纪曾三度烧毁。其三门是日本现存最古老的禅宗大门，于1405年

上图：东大寺南大门细节，展示了多层插拱横枋系统。

下图：东大寺南大门。在1180年烧毁后，由僧人重源在1181年重建，他在中国学习了大佛风格建筑。

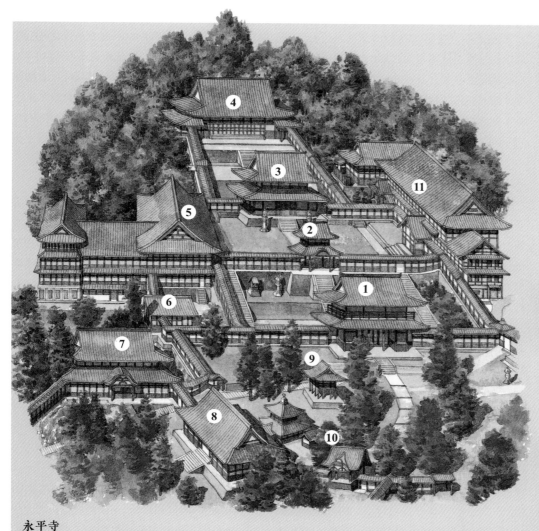

1 三门（大门）
2 中雀门
3 佛殿
4 法堂
5 僧堂
6 东司（厕所）
7 伞松阁（接待堂）
8 祠堂殿（纪念堂）
9 钟楼
10 敕使门（天皇门）
11 库院（厨房）

永平寺佛殿的屋檐构件非常紧密，以至形成了巴洛克式豪华的效果。

有顶的回廊，绵长的台阶，连接了永平寺的七十多栋建筑。

永平寺

永平寺的一些最重要建筑物的布局。作为曹洞宗两大总本山之一，这座禅宗寺院位于福井县。其主要建筑物位于中心轴线之上，通过有顶回廊连接到两侧的建筑物，从而形成多个庭院，自山坡向上延伸到山顶的法堂。这座院落被树木环绕，巨大的柳树在数百年前由其创始人及继承者种植。插图基于永平寺的绘画绘制。

重建，结合了禅宗风格和大佛风格。

也许最著名的折中风格案例是兵库县加古川市鹤林寺的主殿。该建筑建于1397年，基本上采用日样风格建造，并添加了大佛风格和禅宗风格的细节。

左图：京都东福寺三门是折中风格的典范。柱子采用大佛风格的圆形断面，和纯粹禅宗风格的方形纤细柱子形成鲜明对比。另外，三门采用禅宗风格屋檐支撑系统：斗拱起始于柱头之上，而柱间斗拱位于水平枋间。这与纯粹的大佛风格形成鲜明对比，后者的插拱插入柱中，一字排开。

一乘谷历史遗址

最上图：朝仓宅邸的部分挖掘现场，远处是入口大门。

上图：跨越朝仓宅邸外围护城河的大桥。其府邸周围环绕着瓦屋顶土墙。大门建于江户时代早期。

下图：部分朝仓宅邸的重建，根据一乘谷朝仓氏遗迹民俗资料馆的模型重建。该府邸包括十七栋建筑，大部分以寝殿式风格建造，含有高架地板、阳台、木制或树皮屋顶以及连接回廊。

　　关于桃山城堡，我们所知甚多，但对其周围的中世纪城镇却知之甚少。福井县一乘谷历史遗址的独特之处在于，它包含了一座巨大城下町的残迹。彼时，朝仓义景战败于正一统日本的织田信长，于是这座城镇的优雅文化在1573年被付之一炬。

被指定为历史遗迹

　　当一乘谷被烧毁时，小镇随之被灰烬覆盖，随后沉于泥土之下。它的存在早已为人所知，在1930年，日本政府将其定为特殊历史遗址和风景名胜。自1967年以来，人们一直努力挖掘并研究这个区域，以期揭秘整个城镇的形态。1971年，日本政府将保护区扩大至二百七十八万平方米，并将其建成历史公园。1992年，四个朝仓花园被命名为风景名胜区。重建的目的是保存不计其数的出土文物，它们被展示于重建的城镇中，提供了一个便于公众观察和理解的适宜环境。

历史

　　在室町时代的后半叶直到桃山时代（1573年—1600年），农民、商人和武士组织起来进行运动，以保护他们的利益。例如朝仓氏这样的大名（当地宗族领主）也建造了强大堡垒，以此来扩展自身领土，建立一个由他们控制的武士仆从组织。第一任朝仓氏大名在1450年左右统治一乘谷地区。第五位朝仓大名则被织田信长击败。织田信长迅速放火烧毁了整个区域。柴田胜家在朝仓氏失败后成为新的大名，并在附近的北之庄（现今的福井市）建造了他的城堡。于是，一乘谷遗迹多年未受干扰。

布局

　　一乘谷位于狭窄的山谷之中，其两侧遍布山脉。在山谷最为狭窄的两个地点，人们建造了土墩和护城河，以控制进出，城镇则建在其间一点七千米长的区域。最近的考古研究表明，朝仓家族依照总体规划建造了这座城镇。此时封建阶级制度尚未明确界定，一些武士也从事了农业或商业活动。朝仓氏下令他们的重要近臣住在一乘谷，一方面是为了加强安保，另一方面是将武士从个人领地上调开，防止他们建立个人权力。此外，朝仓氏派出代表到武士领地，以监督他们的行动，并增加朝仓氏的影响力。在鼎盛时期，一乘谷是一座拥有大约一万居民的繁华小镇。

　　在这个小镇中，朝仓氏建造了宽度从二米到八米不等的道路，预留的街区覆盖了大约四十座寺院，以及武士、商人和手工者的住房。大型武士府邸周围环绕着土墙，大门通向道路。相比之下，普通人的住宅则直接面向道路。

朝仓宅邸

　　朝仓氏居住在一乘谷山脚下一乘河旁的住区，他们的城堡正是矗立于此。其宅邸围绕着护城河、土墙以及角楼，除了城堡靠山的一侧。墙内则是包含十七栋建筑物的院落。进入正门后的第一座建筑是近臣停留的地方，它旁边是主要的建筑群，包含正式的主殿，家庭生活区及客房，马厩和辅助建筑物则沿着北墙。这个院落还包括石庭及倒影池。

重建历史遗迹

基于现有事实的准确性，是重建已不存在建筑的最重要要求。然而，一定的推论也是必要的。

考古依据

某些情况下，历史学家已经能够根据考古证据确定一乘谷建筑物的大小和形状，例如从基石的摆放位置和柱子遗留在石头上的印记，发现了一些原始建筑材料，如木材、石膏和金属，以及装饰品、工具和大量文物。有时某些材料的缺失是至关重要的。比如因为没有找到瓦片，已经可以确定在一乘谷没有瓦屋顶。

其他类型的依据

而更详细的信息必须根据该时期仍然存在的建筑物进行推断。这些建筑包括贵族府邸，如京都银阁寺的东求堂（1485年）和大仙院的方丈宿舍（作为京都大台寺禅院子寺庙，建于1513年）。推断依据也包括一些普通住宅，例如兵库县（室町时代晚期）的箱木家住宅和兵库县（也是室町时代晚期）的古井家住宅。桃山时代的诸多"洛中洛外图"折叠屏风，描绘了京都及其周围的街景，均提供了有用信息。这些参考素材产生了诸多线索，例如柱子和梁的尺寸及布置，以及它们如何组合在一起。

重建委员会由福井县和国家政府提供的专家组成，初步建筑蓝图交付于此。经过长时间的辩论和仔细检查，最终方案使用计算机制作图形。接下来，委员会找寻具有恢复旧建筑经验的木匠，进行实地考察以观察那段时期的旧建筑，并收集室町时代使用的建筑材料和工具。最后，木匠尽可能地使用旧工具和传统施工方法，重建了许多建筑物。

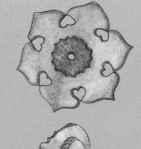

典型金属饰品和把手，用于房门。

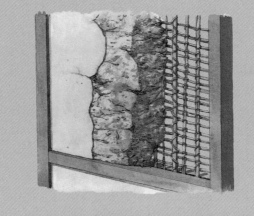

建筑物墙壁的构造过程。在柱子和梁就位后，柱间填充木条和竹条，绑扎以形成格子。继而使用泥浆稻草混合剂从两侧覆盖格子，然后用网布贴覆并进行抹灰。

残余的木门槛及滑门的滑道。

发掘

朝仓氏有自己的常驻工匠，他们生产各种物件，如硬币、念珠和枪支。挖掘工作发现了超过一百五十万件陶器和其他工具，包括从中国和日本其他地区引进的物件。超过三千多尊石佛像和宝塔被发掘，且以其自然状态进行保护和展示。

建筑重建

为了保存大量的考古文物，并让公众更容易理解现有的研究成果，几座一乘谷建筑物已被重建，包括武家屋敷（武士屋）和町屋（简易小住宅）。它们沿着一条二百米长贯穿南北的道路，从朝仓宅邸一直穿过一乘谷河。重建工作依据计算机图形，这些图形则基于考古证据。

武士住宅的大小取决于他的等级。无论大小如何，这种宅邸都被土墙包围，大门通向街道。宽敞的庭院包含各种附属建筑，其中包括厕所、竖井、仓库和工匠作坊。

相比之下，平民的町屋宽约六米，深十二米至十五米，周围则是柴丛围栏。一些平民住宅是平入造风格（入口位于建筑长边，平行于屋脊方向），有些则采用妻入造风格（入口在山墙端）。大多数町屋都临着道路。

上图：这些重建町屋板条窗上方的枇檐保护了山墙端的门（妻入造风格）。板屋顶使用岩石压牢。室内则包含了土间地面和覆盖木板的升高地面。

天守阁和天守阁文化

上图：青森县弘前城，于1810年重建，是日本最小的城堡。

对页图：建于1603年，三层高的彦根城尽管很小，却是日本最美丽的城堡之一。

下图：长野县的松本城建于1596年，是日本剩余的十二座原始城堡之一。

不间断的战争导致了天守阁文化的传播，并在桃山时代（1573年—1600年）达到了顶峰。在江户时代（1600年—1868年）之后，城堡受到严格管制，而在明治时代（1868年—1912年），许多城堡遭到破坏。更多的城堡因荒废和第二次世界大战而毁灭。今天，只有十二座原始城堡留存下来。

安门桃山时代的城堡

虽然已经不复存在，但织田信长的安土城和丰山秀吉的桃山城已经铭刻于这段历史。彼时三位军事领导人相继统一日本，他们是织田信长、丰臣秀吉和德川家康。鉴于城堡作为新型城市文化中心的重要性，及其与城下町发展的相关性，将这一时期称为安土桃山时代（通常缩写为桃山）是恰如其分的。虽然在江户时代也建造了一些城堡，如丸龟城、备中松山城、高知城、弘前城和松山城，但大体上天守阁城文化在桃山时代达到顶峰，之后因日本统一而逐渐下降。

城类型

城堡分四种基本类型。山城是指在山顶建造的城堡，因其受到崎岖地形的保护，且日本人不愿意攻击自然灵魂的栖息地。但因为山城仅在战争时期使用，于是这种小型的非永久性结构缺乏许多其他城堡中的防御工事。最初山城的一个例子是建于1576年的福井县丸冈城。像千叶县久留里城这样的山城已经重建，通常采用现代耐火材料，如混凝土块。

平山城建于领土中心的山丘或高地之上，包括领主及其近臣的住所。由于缺乏山地地形的自然保护，平山城需要特殊的防御工事，如石墙、护城河和其他土方工事。这种类型的城堡包括滋贺县的彦根城堡（建于1606年），兵库县的姬路城（建于1609年），爱知县的犬山城（建于1601年，1620年扩建），青森县的弘前城（1810年重建）。九州熊本县的熊本城也以这种风格重建。

平城矗立在平原之上，城下町围绕其周围建设，平城作为行政中心。因此平城在建设中，政治和经济方面的考量优先于其防御意义，例如长野县的松本城（建于1596年）。从技术角度看，由德川家康于1602年左右建造的京都二条城是一座平城，尽管它更像是一座设施完善的别墅。二之丸御殿和其庭园于1626年因天皇的访问而加建。虽然天守阁已经消失，但宫殿仍存，这是江户时代宫殿建筑的一个罕见的例子。

水城伸入水中。案例也有一些，如1579年由织田信长建造的安土城，位于日本最大的琵琶湖周围。

城堡建设

城堡中最重要的部分是天守阁，领主和其近臣居住于此。天守阁起源于武士住宅屋顶上建造的瞭望塔，与大多数其他形式的日本建筑一样，采用木框架建造。最初木材被暴露，但后来墙壁进行抹灰并涂成白色。虽然石膏和瓦片保护了天守阁不受燃烧弹破坏，但与用石头或砖块建造的欧洲城堡相比，它们仍然相当脆弱。在许多情况下，城堡的主要功能是象征着

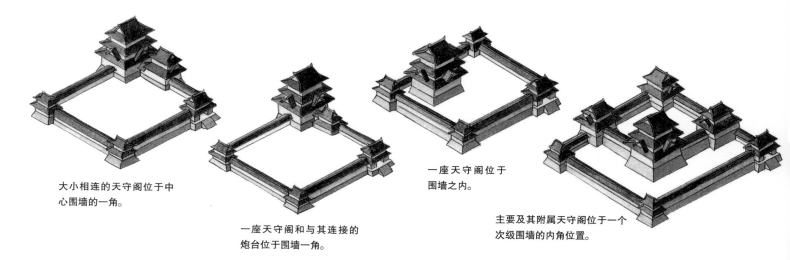

大小相连的天守阁位于中心围墙的一角。

一座天守阁和与其连接的炮台位于围墙一角。

一座天守阁位于围墙之内。

主要及其附属天守阁位于一个次级围墙的内角位置。

上图：城堡中主要的天守阁和相应炮台可以以多种方式进行布局。这里显示的是一些最常见的布局方式。

下图：爱知县的犬山城。与姬路城相比非常小，但它的比例相当优雅。

领主的权力，并为其生活和娱乐提供豪华居所。城内装饰着当时日本最著名的艺术家所绘制的屏风，并设有大型榻榻米垫房间，常以书院风格建造。

主要的防御并不是由天守阁本身提供的，而是由护城河、池塘和围墙所提供的，它们形成了回廊和庭院的迷宫，进攻者必须在其中寻找路径。如果他们成功地突破城堡，接下来就会遇到一座高大的石栏，天守阁就建造在其上。墙上有着圆形、方形或矩形的垛口，士兵可以向外射箭，使用火枪，或是对攻击者滚落石块，泼洒沸油或滚水。内外的墙壁都采用小塔加固，设计与天守阁类似，并且有着多个入口，以在必要时提供逃生通道。一些像姬路城和大阪城的城堡着实令人生畏。然而，即使是最可怕的对手，也可能被一个意志坚定、力量强大的敌人击溃。例如大阪城在几个世纪以来一再地被征服与重建。

城堡文化的衰落

江户时代，伴随着德川幕府的权利巩固，人们见证了天守文化的衰落。城堡依旧存在，但作为权威的象征，而不再是防御的工事。第一代幕府将军德川家康下令，每个省只能有一座城堡，作为当地领主（大名）的权力所在地。这意味着很多城堡必须被拆除，同时一些新城堡需要被建造。尽管这个政策在巩固和维护中央集权统治方面具有意义，但它导致许多无价的建筑较早地被破坏。

那些有幸在德川政策下留存的城堡并不注定能在忽视中存续。有些年久失修，有些在随后被拆除。而其他的，如松本城这样的城堡，则在巨大的困难中幸存了下来。

最古老且充分发展的城堡仍然留存，松本城在16世纪末期重建。用于建造城墙的烧杉板

姬路城

姬路城被广誉为日本最美丽的城堡。它由姬路统治者1333年建造的堡垒演变而来。1581年，丰臣秀吉将堡垒改造为城堡，作为对国家西部敌人战争的基地。1601年，德川家康的女婿池田辉政进入城堡，在接下来的八年里，他将现有的建筑物取代原来的天守阁，并用三条护城河扩建了城堡场地。研究表明，丰臣秀吉时期原始建筑的一些材料被用于现有结构中。姬路城于1993年被指定为世界文化遗产。

姬路城室内灯光昏暗（五层中的某一层）。四条走廊环绕着虚空的中心空间。天花板由巨大的柱子和梁架系统支撑。

在一定程度上，由于其优雅的比例，姬路城的大小从照片看并不明显。城堡巨大体量的透视可由一位站在石基的作者（右图）对比得出，其身后矗立着天守阁。

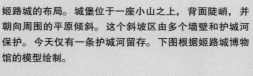

姬路城的布局。城堡位于一座小山之上，背面陡峭，并朝向周围的平原倾斜。这个斜坡区由多个墙壁和护城河保护。今天仅有一条护城河留存。下图根据姬路城博物馆的模型绘制。

大阪城最近经历了修复，收藏了丰臣秀吉及其军事征服的文物和展品。尽管混凝土新建筑比最初结构小，但它仍然令人印象深刻。

大阪城的屋顶采光窗细节。在弯曲的悬挑屋顶下镶嵌着精制的山墙饰品，框起了长方形禁窗。

大阪城的原始石墙和天守阁基础，展示了石材（一些岩石非常大）切割和拼接的精确度。

大阪城

大阪城由丰臣秀吉于1583年在净土真宗总坛石山本愿寺的废墟上建造。1615年，它在与德川氏族的战斗中被烧毁，并于1625年重建，但当德川幕府在1868年明治维新中倾覆时，被撤退的尽忠者将其再次烧毁。现在的城堡于1931年建立。在第二次世界大战期间受损，最近又进行了修复。大阪城遗留下来的原始建筑包括大手门、位于原始石墙不同位置的五个炮塔、几个军火库和一个井房。墙上使用的最大石材超过五十九平方米，重一百三十吨。七十米至九十米宽的护城河和二十米高的墙壁可以显示原始城堡的巨大规模。今天的大阪城坐落在一个广植树木的公园之中。

材和白色石膏之间形成鲜明对比，使其成为日本最引人注目的美丽的城堡之一。

1868年的明治维新引发了日本对西方事物的迷恋以及一种愿望：摧毁与日本封建历史相关的任何事物。武士阶级被废除，包括城堡在内的武士文化的诸多方面也不能幸免。松本城以微薄的价格出售，为回收其金属面临拆除。然而，幸运的是当地有影响力的家族筹集了足够的金钱回购并修理了城堡。修复后的宏大建筑于1930年被指定为历史遗址，1936年被指定为日本国宝。今天，它是松本市及周边地区的主要旅游景点。

对页图：大阪城天守阁，始建于1589年，并多次重建。

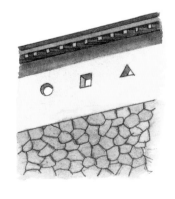

左图：在城堡和天守阁墙壁上的狭小洞口、石落口和射箭口，允许各种飞弹直击敌人。

中央集权

德川家康完成了日本的统一，建立了集权封建制度，并将其军事首都迁至江户（后改名为东京），开始了相对和平与孤立的二百五十年岁月。武士在社会阶层中处于顶部地位，但是商人最终控制了财富。于是，在日本历史上第一次，普通人成为新文化发展的领导者。

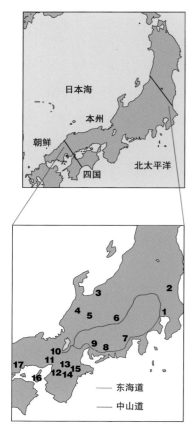

1 江户
2 日光
3 川上家住宅（富山县）
4 白川乡
5 高山
6 妻笼与马笼驿站里
7 久能山神社（静冈县）
8 吉田驿站里
9 鸣海驿站里
10 京都
11 大阪
12 吉村家住宅（大阪府羽曳野市）
13 奈良
14 明日香
15 室生寺
16 淡路岛
17 仓敷

历史

江户时期（1600年—1868年）不易按照政治划分时代。一般来说，从德川家康开始的前三代德川幕府将军制定了新政权的基本政策，旨在结束日本社会长期存在的流血与杀戮。为了实现这一目标，他们支持武士道和儒家哲学的结合，为严格的社会等级制度提供了思想基础。顶部是武士，其次是农民、工匠和商人。商人阶层被排在最后，因为他们被视为非生产性阶级。

德川幕府采取了各种措施来确保其统治，例如占有四分之一国土的所有权，直接统治大部分主要城市，并建立人质抵押制度，大名（封建领主）必须将家人质押于江户。由于大名不得不每隔一两年向幕府将军表以衷心，所以他们花费了大量的时间和财富来维持首都的住所，并往返于首都和封地之间，于是起义就被无情地压制了。

在第三代幕府将军德川家光去世后，幕府变得愈加保守。为了攫取金钱，应对越来越多的农民和遥远氏族的不满，江户政权或多或少得与扩大的商业阶级产生关联，并在经济上依赖后者。包括一些知识分子在内的很多人越来越担心日本已落后于工业化国家，并希望重新与外界接触。而1853年佩里准将的炮舰访问（黑船事件）成为西方武力展示的象征，封建结构最终倾覆，开启了1868年的明治维新。天皇重新掌权，武士阶级被废除，日本开始加速工业化，从而避免被殖民化。

江户时代的其他城市

除了18世纪世界上最大的城市之一的江户，其他主要城市还包括京都。作为皇家首都，京都在1634年的人口约为四十一万。它以生产高品质的艺术品和工艺品而著称。在江户时代后期，当普通人被允许更自由地旅行时，京都成为主要的旅游目的地。

大阪拥有相似规模的人口。作为一个工业城市，日常生活所需的许多产品，包括服装、金属制品、油、清酒和药物，都是从日本其他地区引进原材料，并在大阪生产出来的。同时这里也是整个国家的"厨房"，大米等粮食从日本各地通过船运进入大阪，糖和盐等食品则从日本西部引入。因此，大阪成为日本的主要港口和金融中心。

区域性城镇

中央集权封建主义促进了这一时期建筑的新发展。例如，驿站城镇沿着通往首都的主要道路设立。其中最著名的是东海道，成为京都和江户之间的主要道路之一。大部分驿站城镇规模较小，分布开来为大名及其侍从提供往返江户途中的过夜住宿。幕府帮助维护这些驿站城镇，并为大名、贵族和高级僧侣设立了本阵（即官方指定的旅馆）和马厩。

还有其他类型的旅馆，如针对略低社会等级的重要人物的胁本阵和面向普通人的旅笼屋。位于阶级底部的是客人必须自己做饭的旅馆。旧中山道上的马笼和妻笼等驿站城镇仍保留着江户时代的建筑，在今天仍是受欢迎的旅游目的地。

像金泽这样的城堡城镇是为了满足地方领主的需要而建立的，其分区规则反映了保护城堡的目的。武士住区通常围绕城堡周围建造；城内的下一个区域为町屋（带有生活区的商店）预留的；第三个区域则是寺院。而平民和乞丐这些弱势群体的住区则被排除在城镇范围之内，娱乐区亦是如此。在战争期间，这些外围的"防御之环"经常被敌人或领主本人烧毁，他们通常很少关心这些地区平民的福祉。

其他类型的城镇包括高山这样被当做幕府代表的总部的区域行政中心，又如堺市和长崎等港口城镇，以及在著名寺院和神社周围发展起来的宇治县和山田县，和爱川町这样的矿业城镇。

除了城堡、武士住宅和行政建筑外，这些区域性都市中心还产生了一种新的市民文化，由商人的住宅、商店和工厂所主导。区域城镇的一个特点是"藏"（仓库）的扩张，这种独立式防火建筑用于保护富裕阶层在空闲时间追求享乐的珍宝。

村庄

为了控制乡村地区、大城市以及省级城镇，德川幕府建立了一个等级制度，拥有财产的农户要确保以稻米的形式缴纳税款。其数量根据村庄可利用的肥沃土地量确定。同时村中一位有影响力的农民被任命为首领。而没有土地的人为土地所有者工作，拥有极少的权利。

最终，许多农村居民都去从事农业以外的职业，无论是兼职还是全职。这包括制造或销售肥料、清酒、味噌（发酵豆酱）、酱油、蔬菜、面粉和木柴等物品。某种程度上，由于工作多样化和收入增加，农舍变得比以往更大，其建筑技术变得更加复杂。最常见的布局是，在房子前部有一个下沉式壁炉的大型起居区，后面则是睡眠区和厨房区。一些农民已经富裕到足以建造自己的豪宅，其中融入了城镇上层阶级所青睐的书院风格特色。当然，村庄住宅的整体建筑风格有着很大差异，具体取决于不同的地区。

上图：歌川广重的木版画描绘了东海道上的鸣海驿站里。两座建筑都使用栈瓦葺。

左图：这个江户时代中间的联排住宅（旧川上家住宅）是富山县现存最古老的町屋。

下图：基本瓦葺类型，本瓦葺（两片略微弯曲的瓦片之间连接，而圆形瓦片紧扣在其接缝处）和栈瓦葺（将瓦片圆形和弯曲部分整合，以获得更大的强度）。

江户：封建都城

江户是德川幕府将军的军事首都，存续约二百五十年，尽管它常被火烧毁，但总会反复重建。到了17世纪末期，江户已经成为世界上最大的城市之一，这个新兴商人阶级的中心对日本文化产生了重大影响。

历史

"江户" 意味着 "河湾之口"，关于它最初的确切位置，有着不同的意见。它的战略位置促使一位武士江户重继于12世纪（镰仓时代）的江户馆建造了他的别墅。

1457年，当地领主的高级仆从太田道灌，在江户馆的遗址上建造了江户城。当太田道灌于1486年被谋杀后，江户城多次易手。

1590年，德川家康迁入江户城，而此时他仍然是伟大的军事统治者丰臣秀吉的属下。德川家康一定已经认识到了这个区域的地理优越性，尽管城堡本身并不够宏大，但是足以成为一个渴望统治整个国家的领主的住所，且江户城并未充分开发。而一旦迁入，德川家康就承担了发展江户的任务。从海湾挖掘运河到江户城成为第一个项目，其目的是以便运入重建城堡的物料，及在其周围设置护城河。江户城是世界上最大的城堡，其外墙长十六千米，厚五米，十一座大门将城墙破开。而其内部沟壕和墙壁使其几乎坚不可摧。

当德川家康于1603年成为幕府将军后，他为开发江户制订了一个更雄心勃勃的计划。他铲平山脉，运土填海，并要求大名们提供必需的劳动力。于是，像东海道和中山道这样的陆路被建立，以将货物运往江户。有人说，这些道路的设计是为了提供观看富士山、筑波山及江户城的最佳景观，但如何利用现有道路和河流位置这样的实际考虑或许是最重要的。江户的中心区域以京都网格布局为基础，这是一种源于奈良时代的城市规划特征。

这项庞大工程于1637年完工，此时第三代德川幕府将军德川家光重建江户城和其周边的本丸区。《江户图》屏风（江户场景屏风画）描绘了早期江户的生动景致，比如城堡、围绕它的武士住宅、町屋和寺庙。江户人口迅速增加的主要原因是引入了 "参勤交代"（即交替出勤）制度，要求所有大名在江户度过一段时间，并将他们的家人留做人质，近臣及仆人陪同左右。随着大名和武士家庭数量的增加，越来越多的平民搬到江户，为他们提供基本的商品和服务。

1657年的灾难性火灾导致百分之六十的江户成为灰烬（包括江户城），大约十万人死亡，这促使封建政府绘制了该区域的地图，并制订了雄心勃勃的重建计划，以分散建筑物并开发新的住区，其设计旨在防止火势蔓延。

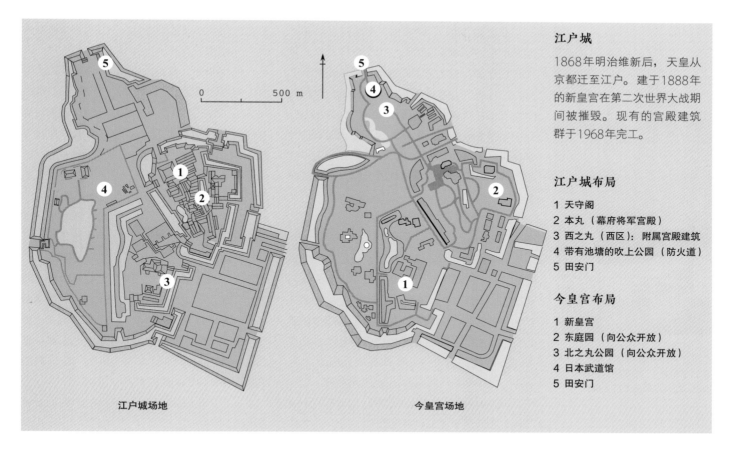

江户城

1868年明治维新后，天皇从京都迁至江户。建于1888年的新皇宫在第二次世界大战期间被摧毁。现有的宫殿建筑群于1968年完工。

江户城布局

1 天守阁
2 本丸（幕府将军宫殿）
3 西之丸（西区）：附属宫殿建筑
4 带有池塘的吹上公园（防火道）
5 田安门

今皇宫布局

1 新皇宫
2 东庭园（向公众开放）
3 北之丸公园（向公众开放）
4 日本武道馆
5 田安门

江户城场地

今皇宫场地

新江户

江户城被部分重建，其市域被大大扩展了。据估计，及至1693年，这里共有三十五万平民和六十万至七十万名武士，使江户比此时的伦敦或巴黎更为宏大。在江户时代早期，一些新富的商人阶层建造了三层高的大型宅邸，但其后政府颁布命令，禁止百姓铺张奢侈。然而，平民被允许甚至鼓励建造瓦屋顶房屋和防火性藏宝库。在前述的栈瓦被发明后，瓦屋顶变得更便宜且具防火性。结果到处都建造的宝库，部分可视为地位的象征。

江户文化

最终，江户发展了自己独特的浮世绘艺术。这是一种享乐主义文化，迎合了日益富裕的商业阶层的突发奇想。这个商业阶级被剥夺了政治权力和社会地位，于是花费时间和金钱来追求感官享乐。浮世绘通常的主题是江户吉原享乐区的生活，绘画和木刻版画描绘了艳丽的妓女和歌舞伎演员。

除了宏伟庄严的城堡，江户在独特的建筑风格方面几乎毫无建树。德川幕府在日本建筑留下了印记，然而仅限于日光建造的陵墓，以作为第一代和第三代幕府将军的纪念碑。这些巴洛克式的神龛是封建统治者审美情趣的象征，他们更倾向于炫耀皇家宫廷的美学淬炼。这种唯美在京都的官方首都继续存在，直到1868年明治维新，当时的天皇恢复了权力，国家首都搬到了江户。

尽管采取了防止火势蔓延的措施，但九十多起严重火灾和1923年的关东大地震一再摧毁这座都城。第二次世界大战期间，当火焰爆炸将城市变成瓦砾时，这种悲剧性的损失再次发生。因此，江户时代的原始建筑甚少遗存。

高山市：行政城镇

在奈良时代，飞驒村落（今岐阜县）由于稻米产量不佳而无法纳税。为了取代税收，每个村庄需要派遣十名工匠到奈良帮助建造新的首都，于是飞驒木匠因其技艺而闻名。他们的手工作品存留在古老的省城高山市。这座融合新旧的繁华城市卓有远见，保留了大面积的传统建筑，被称为三町地区。这里每年吸引了数百万游客前来，观看其传统的房屋、商店、酿酒厂和寺院。

高山市历史

县域领土由当地大名控制。虽然他们效忠于江户的幕府将军，但仍然保留了大量的地方自治权。然而在某些情况下，掌握在大名手中的特殊地区，如一些大城市由于其战略位置或资源太过重要，转由幕府将军指定的长官直接进行行政控制。这些特殊区域被称为"天领"，其中举行行政活动的建筑群被称为"阵屋"（意为兵营）。虽然在江户时代建有六十座阵屋，但今天仅有高山阵屋留存。

根据当地传说，当源赖朝摧毁平氏，并在镰仓成为日本第一个军事幕府将军时，溃败平氏幸存者逃往飞驒，一些人则在高山定居。据说他们被高山所吸引，因为这里像他们的故乡

京都，山脉河流贯穿其中。于是高山后来被称为"小京都"。

在16世纪，高山成为金森长近将军的大本营，臣服于日本军事统治者丰臣秀吉的统治。根据中国的风水学，金森的城堡建于两条河流之间，北面有山，东北方则有集中的神社寺院，以提供庇护。金森家族的统治绵延六代，在此期间，政治、经济和文化设施的建设促成了繁荣都市，高山成为这个地区的行政中心。

1692年，为了攫取木材和矿产资源，幕府将军直接控制了高山，并将金森家族送往日本东北部。这里的城堡被拆毁，金森家族第三代首领女儿的别墅被改造为新统治者伊奈忠笃的办公室。伊奈忠笃和他的二十四位继任者是江户居民，深居简出，他们真正的热情在于传统文化而非政治，于是高山渐以其艺术和手工艺而闻名。直到1868年明治维新之前，高山仍然是飞驒的省级行政中心。

高山的商人

作为区域行政中心，高山吸引众人前来，比如商人和工匠。于是，这里很快发展成为附近最大而繁华的都市。许多新移民开始创业，如生产清酒和味噌，销售大米与烟草，及借款

上图：由当地艺术家义基宪人绘制的"切り絵"（剪贴画），描绘了高山老三町地区著名的交叉路口。

右图：初建于1615年，高山的行政建筑于1816年改建。类似于一座小型宫殿，阵屋建筑被高墙包围，通过令人印象深刻的大门进入。

吉岛家住宅内部房间布局。清酒商店、账房、厨房和门厅占据了房子的前部区域，并由巨大的天花横梁笼罩。储藏室和家庭居住区占据了房屋的后半部分。房间围绕两个庭院分布。

吉岛家住宅

垂直的深色木梁架笼罩了大部分房屋空间，并由白色滑动门及棕褐色灰泥区域平衡，其中一些部分则具有强烈的水平导向。从外观看建筑有两层楼高，然而临街一侧实际只有一层，其上部完全由屋顶梁架占据。这种妥协使得房屋空间壮丽，同时遵守了商人房屋临街一侧不得超过一层的江户规定。而这个住宅后部的家居区域，两层楼房装饰奢华，展现了吉岛家的财富。

吉岛家住宅餐厅，有一个烧水用的炉里（下沉炉膛）。

吉岛家住宅，厨房里砖砌的柴火炉。

放贷。如日下和吉岛的家族兴旺繁荣，不久之后，飞驒地区的财富就集中在少数商人家庭手中。他们利用大部分新获取的财富来增进城镇管理者所资助的文艺活动。换句话说，尽管在江户幕府所支持的新儒家意识形态方面，商人的排名低于工匠和农民，但政府官员和商人在经济和社会层面相互依存。

商人住宅

尽管大商人家族拥有财富和影响力，但官方社会等级仍必须维持。因此，在城市中心附近，两层房屋不允许建造，以防止居民俯视阵屋或下面街道上的武士。但这并没有阻止富裕的商人展示他们的财富，他们建造起单层豪宅，由精心设计的梁柱系统支撑起庞大的屋顶。这种典型的大型商人住宅是吉岛家住宅，可以追溯到江户时代中期。

吉岛家族于1784年来到高山，从那时起一直从事制作清酒的业务。与其他富商一样，吉岛家族依照封建条款建造了一所住宅，其商户规模被限定，以确保他们不会威胁武士阶级的地位。当最初的房屋在1905年（明治时代）被烧毁时，由著名的飞驒木匠西田伊三郎重建，其风格更准确地反映了吉岛家族的巨大财富。改造后的房屋保持了相对谦逊的外观，但由几个舒适房间构成了局部二层。吉岛房屋被认为是传统商人住宅的最佳典范之一，并被认定为日本重要文化遗产。

下图：土佐光起的木版画，描绘了工作中的木匠。

左图：一个古老町屋（商业住宅）的室内。在高山、金泽、京都和其他一些城镇，一小部分住宅保存完好。这里展示的是誉田屋源兵卫的茶室，这是一座京都室町区的优雅町屋，建于18世纪30年代。它现在仍然是一座住宅及商店，以制作和销售传统和服与腰带。通常情况下，这种茶室很小（四叠半榻榻米垫）且简朴，以免偏离实现与自身和谐的重要目标。

金泽：天守之镇

城堡城镇是日本封建时期的行政、商业和文化中心。金泽位于日本海一侧，是前田家族的城堡城镇，也是日本江户时代的第四大城市。由于在第二次世界大战中幸免于密集轰炸，金泽比大多数城市拥有更具历史意义的建筑，以及日本三大最重要的花园之一——兼六园。

城堡城镇的功能

在分散封建主义时期（镰仓时代、室町时代和桃山时代），日本缺乏有效的中央集权政府。因此，当地军阀建立城堡并控制尽可能多的领土。他们制定自己的法律与税收，并试图发展内部贸易、商业和文化。城镇很快就在城堡周边发展，以满足大名及其武士家臣的需求和愿望。随着时间的推移，城堡城镇本身往往成为重要的商业和文化中心。在1600年德川幕府实现国家统一之后，大多数大名被允许继续对他们的领域进行一些控制，但他们不得不向德川幕府宣誓效忠并同意遵守其限制和要求。由于相对自治，像金泽这样的省级城镇一直蓬勃发展，直到1868年明治维新导致的封建制度消亡而没落。

历史

1546年，一个佛教教派在加贺地区（现在的石川县）建立了专制统治，其佛寺主庙位于后来成为金泽城堡的地方。该地区繁荣，但最终于1583年被前田利家征服，后者以丰臣秀吉的名义获得了控制权。前田城堡建在两条河流之间的一座小山上，金泽镇在其周围发展起来。丰臣秀吉去世后，前田家族与德川家康结盟，并于1600年加入了关原之战，此役德川家康击败了最后的敌人，完成了统一日本的使命。因此前田利家获得了一个巨大封地（包括石川），据说可生产100万石（超过500万美国蒲式耳）大米，使得前田氏成为日本最富有的家族之一。

前田氏族利用其巨额的稻米税收资助艺术和传统文化。故金泽因其茶道、能剧、丝绸布料、九谷烧陶瓷等工艺而闻名。金泽还有一个广阔的武士区，一个繁华的充斥着艺妓馆娱乐区，以及两处寺院区。当明治维新使封建主义遭到摧毁之后，金泽的众多武士发现自己丢失了工作，而当地的工匠和艺人失去了他们的顾客。其结果是金泽渐渐地陷入默默无闻。作为一个主要的旅游目的地，今天的金泽重新恢复了一些昔日的荣光。

城堡遗存

由于与丰臣秀吉和新的德川幕府关系密切，因此前田城堡并非要固若金汤。它于1881年被大火烧毁，只剩下石川门综合体（八座建筑物，包括围绕封闭广场建造的后门）和一座用于存放武器的长屋。大门屋顶覆盖铅瓦，已经风化为白色。而建于1858年的长屋则是一座两层建筑，在城堡外墙之上延伸四十八米。

其余的建筑物俯瞰部分护城河，后者现已被填充作道路使用。其附近是大名的私人回游式庭园，这座兼六园被普遍认为是日本最美丽的三大庭园之一。

上图：沿着旧运河修建的武士住宅，这些运河为兼六园和城堡输送水源。

对页左图：金泽长町地区一所旧武士住宅的门和墙。比如这个旧门，有着犹大窗户（译者注：这种窗口，监狱警卫进入后可监视囚犯而被人看到），后面曾有卫兵驻守。

对页右图：天德院山门，位于金泽的一座曹洞宗寺庙。天德院于1623年由第三代前田大名（前田利常）为他已故的妻子建立。除山门之外，所有原始建筑都在1671年被烧毁。

右图：金泽城的菱橹角楼配备了防御功能，如投石口和火枪发射口。

武家区与娱乐区

长町地区位于金泽城堡附近，保留了江户时代曲折不尽的街道和运河，旨在抵御入侵。该地区的武家屋周边围绕着高泥墙和正式的大门，其大小由家庭的地位决定。今天，许多武家住宅已被现代房屋所取代，但仍保留了古老的武士门。

在江户时代，加贺封建政府将两片区域划为娱乐区。其中之一的东茶屋街，房屋沿着街道排列，每间房屋都有格子窗户和色彩鲜艳的内部墙壁。江户时代，这些区域里挤满了武士和富裕的商人，他们前来观看精心培养的艺妓表演传统艺术，诸如唱歌、跳舞、朗诵诗歌、演奏日本筝和三味弦。

寺庙和商业区

所有城堡城镇至少有一个寺院区，作为抵御入侵的第一道防线。金泽有两个寺院区：寺町位于城市西侧，在犀川上坐落着七十座寺院；位于城市东侧的是卯辰山，在浅野川上有着五十座寺院。这座城市主要街道两侧是零售商店，后街则住着工匠。各种行业的名称被用来定义区域名，如贩盐区和金工区等。今天，金泽再次成为一个繁荣的工艺中心，以其漆器、木雕、木版画和覆盖着金银的器皿闻名，也因清酒和发酵大豆产品著称。

兼六园与成巽阁

兼六园是日本三大名园之一，围绕着一个大型池塘布置，这片水域通过隧道和运河，从数千米外引水。这座园林附属于成巽阁，这是为第十三代前田藩主的母亲建造的豪华别墅（见第140—141页）。成巽阁有着覆盖金箔的墙壁和漆木横梁，体现了前田家族的权势。

下图：江户时代艺术家石川丰信的木版画，描绘了艺伎屋的室内。艺伎屋被委婉地称为"茶室"，可见于主要城市和重要城镇，如金泽的"浮世"区域。

白川乡： 农耕村落

上图：白川乡的一个合掌风格住宅。

第116—117页：位于岐阜县白山乡地区的合掌风格房屋，坐落在高耸山脉下的山谷之中。

白川乡的房屋有着陡峭的茅草屋顶，被称为合掌（双手合十祈祷）风格。位于岐阜县深山之中，沿着庄川分布，白川乡的传统可以追溯至几百年前。在一定时期，大多数日本农舍都是茅草屋顶，但今天很少有这样的建筑物留存。

白川乡历史

虽然人们世代生活在这个被称为白川乡的地区，甚至可追溯至大约一万年前的绳文时代，但人们对12世纪之前的白川生活知之甚少。在15世纪，内岛氏族入侵过这里，并在白川边缘的一座小山上建造了一座城堡，今天不复存在。在17世纪，江户幕府直接控制了白川乡，但部分领土仍然在净土真宗佛教寺院照莲寺的控制之下。

在1600年之前，村里约有五十所房屋，但到了明治时代中期，这个数字已经增加到一百多个。明治政府于1890年建成了穿过村庄的国道，沿着这条快速道路则建起了现代化的房屋。今天，白川乡拥有一百一十三座合掌式建筑，以及三百二十九座现代建筑，两座佛教寺院，两座神道教神社以及其他各种建筑。现代建筑的尺寸和施工受到约束，以免与传统建筑相冲突。

当著名德国建筑师布鲁诺·陶特于1935年参观了白川乡和田家住宅时，他发现竟有三十六人居住其中。由于缺乏平坦和可用的土地，合掌风格住宅被建造得足够大，以容纳一个大家庭，通常包括祖父母、父母、未婚子女、长子及其妻子和孩子，以及已婚女儿们和他们的孩子。已婚女儿的丈夫仍与自己的家人住在一起。只有长子被允许带着妻子和父母居住。

在封建时代晚期，村民用老式方法制作火药：在门廊下储存矿物成分，并将尿液倾倒于其中。随着商业火药的出现，村民们转而养蚕取丝，以补充水稻收成。因为在这样的山区，土壤贫瘠，依靠水稻收入微薄。养蚕在房屋顶层进行，一楼露天火坑的热量和烟雾上升，使它们保持温暖。

当庄川被筑坝时，许多合掌风格的建筑被搬到了民家园，这是一个白川乡附近的露天博物馆，含有二十五座合掌风格的房屋。今天的村子里有一个活跃的社会，致力于保留其余的合掌风格建筑。1995年，他们的努力得到了联合国教科文组织的认可，白川乡被列为世界文化遗产。时至今日仍有六百多人住在村中。虽然有几个民宿，但私人住宅仍被业主使用，因此通常不向公众开放。

保护的难点

由于厚重的积雪和永远存在的火灾威胁，保护这些大型茅草房变得非常困难。在过去，一点五米的深雪积聚在巨大的屋顶上并不罕见。虽然今天的降雪较少，但仍需定期清理屋顶以避免倒塌。

茅草屋顶也容易腐烂，并受到昆虫或啮齿动物的侵袭。通过使用建于一楼的用于加热和烹饪的火源，以上两种情况得以控制。一个长方形的条板炉篦悬挂于火坑之上，以捕捉明火的火花，并扩散热量和烟雾。烟雾从条版炉篦和上层隔间升起，渗入屋顶。村里有定期的消防演习，到那时从遍布全镇的消防栓取水，在房屋上喷洒水流。

实际布局

除了两座合掌风格的房子外，其他所有房屋都面向南北布置。这使得巨大的坡屋顶能够捕获最大限度的阳光，这对于保持茅草干燥至关重要，并且可减少暴露于沿着河流、南北向的风。而厕所位于房屋的一端，佛坛则位于另一端并毗邻外墙，这样发生火灾时可轻松疏散。在其相邻的房屋中，厕所和祭坛放置则是相反的，这样一个房子的厕所就不会面对下一个房子的祭坛。一楼的主要的房间是一个大型开放区域，以开放式壁炉为特征，木柴在其中燃烧以温暖房屋，加热悬挂茶壶，并烟制食品。

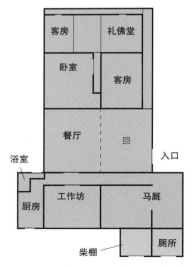

上图：额外房间常被增添到合掌风格房屋的基本平面之中。

合掌房屋的结构

合掌意为"祈祷之手"。这个词指代屋顶的陡坡，以摆脱该地区特有的大雪和降雨。这些大型农舍通常为三层至五层，在过去容纳着大家庭。屋顶的木材（杆件）用草绳捆在一起，低矮的结构部分则用木钉固定。白川村的房屋仍用来居住，因此通常不向公众开放。然而，在村庄的边缘有一座出众的露天博物馆，由二十五个合掌风格建筑组成，这些建筑物从附近的村庄迁移至此。这里展示的照片来自不同的建筑物。

屋顶梁架用草绳捆在一起。当存在大雪载荷，大风或地震时，同时提供了结构强度和弹性。

房屋顶层结构，以往用于大家庭成员养蚕。在不同的蚕养阶段，允许阳光，空气和热量的变化。

芒草是蒲苇的一种，被存放在棚屋屋檐下，以保持干燥，为修葺屋顶准备。屋顶茅草厚度可达一米。

来自开放式火炉的烟雾沿着天花板上梁架上升，保护茅草免受昆虫和湿气的影响。

主入口通常位于房屋侧面，而不是山墙尽端。

突出于山墙的屋顶椽子支撑着大屋檐。屋顶倾斜通常约六十度。

重茸合掌风格房屋屋顶

更换屋顶

  如果得到妥善保养，茅草屋顶可持续使用上百年。许多房屋至少有二百五十年的历史，有些甚至被同一家族数代人使用。更换屋顶这样的社区工作是由被称为"农业互助组"的劳动共享组织推进。农业互助组不仅提供修理房屋的劳力（特别是屋顶工作），还组织种植、收割和清雪等活动。

  建造新屋顶需要耗时数月时间来收集并干燥茅草，将其捆绑成捆，并组织数百人的劳动。当准备工作完成后，需要耗时三天时间拆除旧有的茅草，大约一天的时间更换腐坏的屋顶木材，尔后绑扎新的茅草束并进行修剪。在任何一个时间点，有可能多达上百人在屋顶上工作，而地面上捆草以及进行准备工作（如准备食物）的人数则是其数倍。

左图：当旧茅草被移除以准备新茸时，（呈现出）烟熏灰暗的屋顶。

对页图：正在重茸茅草的屋顶，其上大约有一百人，而房屋内部或地面上有三百人至四百人工作。

下图：建造合掌风格屋顶的步骤。

构建合掌风格房屋屋顶的典型顺序，从内到外的工作步骤：

1 巨大的椽子被连接在屋脊梁上。

2 水平横梁成直角置于椽子上。

3 在大椽子间，用小椽子建造网格。

4 外表面覆以芦苇垫。

5 将茅草捆放在芦苇垫之上，并使用插入垫子的藤蔓将其系在屋顶结构框架之上。

最后，在（建筑）内部：

6 水平地板所连接的大梁与每层楼的巨大椽子相连。

7 在每个屋顶内侧的巨大椽子上连接斜向杆件。

8 顶层的巨大横梁平行于地板方向，连接起两片坡屋顶。

在建造过程中不使用一钉一铆。屋顶框架用绳子捆绑，茅草束则用藤蔓连接到框架之上。由于没使用金属，所以屋顶在生态逻辑上是合理的，特别是当屋顶重茸时，旧的茅草可被烧作燃料。

不幸的是，更换屋顶的成本变得令人望而却步——高达五十万美元。此外，越来越难以找到足够用于茸顶的蒲苇。结果，一些家庭不再延续这种传统，被迫用锡顶替换或覆盖茅草。

因为房屋由木头和茅草制成，故它们极易受到火灾影响。因此白川乡有许多消防演习，房屋被巨大的水流喷洒，从而形成一个独立的旅游景点。入夜志愿者则在街道巡逻，敦促白川乡居民小心使用火烛。

背页图：位于日本中部地区陡峭山脉的白川乡，遭受着部分日本最严重的降雪，一年高达四米。大型茅草屋顶采用合掌风格，以助于减轻积雪的重量。

民家：乡村住宅

与城市联排住宅（町屋）相比，农村住宅被称为"民家"。这个术语涵盖了各种建筑，从村落首领的庄园到贫苦农民的棚屋。民家也根据国家地域和建设年代而有所不同。一些民家可以追溯到江户时代，多年来已根据房主需求进行了改造。

农舍平面和结构

农舍起源于古代的竖穴式住居或平地住居。今天已知的最古老的农舍建筑平面被平均划分，形成了泥土地面和木构的开放式升起区域。逐渐地，升起的生活区域增加了占比，以便为个人提供更多空间。然而直到最近，大多数民家的室内仍是土间为主。

农舍的中心区域被称为神谷，对应于佛教寺院的母屋。在旧农舍里，大量的柱子用于支撑屋顶。随后柱子的数量逐渐减少，其间距变大，通过在柱上放置大型承重梁以形成基本结构。这种结构的上部是一个复杂而互相锁扣的垂直水平构件网格，被称作"小屋组"来支撑屋顶。简而言之，主梁下方的居住区域得到

了简化，但其上方的屋顶结构则变得更加复杂。当室内屋顶保持开放时，小屋组增添了传统农舍内部的宏伟感和美感。

升举地板部分的最大区域是起居室，通常为周边房间包围，后者也位于高架地板之上。而从此向下一步则到达土间，作厨房和其他工作区使用。高架地板和土间的结合，发展成简单、实用、美观的风格，与城市府邸优雅的书院风格客房形成鲜明对比。

区域差异

日本各地的农舍都有着类似的基本结构。然而在不同地区发展出的独特风格，有时是为了适应当地的气候和生活条件。大多数遗存的古民家属于村落领袖或其他富裕的平民，因此不一定是典型的。尽管如此，它们提供了有关区域差异的珍贵信息。

合掌风格的农舍有着陡峭的屋顶，以适合岐阜县和富山县等多雪地区。从大陆来的风和降水袭击了横贯本州主岛中心的日本"阿尔卑斯山"，并在穿越山脉之前倾卸了大量积雪。

"曲り屋"是L形房屋，位于日本东北部的南部地区（岩手县），包括家庭生活空间，以及动物棚舍。在冬季，来自生活区的热量被排放到马厩中以保持马匹温暖。

另一种北方风格是兜屋根（武士头盔屋顶），它在上层设有窗户，以便在冬季地面层窗户被大雪覆盖时，提供光照。

九州的U形灶风格房屋可能是针对频繁袭击日本南部的台风而发展的。凭借其"回风"，U形屋顶可能具有空气动力学特质，将风吹向房屋两侧。

其他的样式不一定具有功能性解释。例如，在长野县发现的本栋风格住宅在屋顶上有一种鸟类装饰，被称为"雀踊"。

上图：来自福井县的旧山下家住宅是一座裹形风格的农舍，有厚重的梁柱，以承托该地区的大雪。这所房子已搬到大阪的日本民家集落博物馆。

对页图：在新潟县山区这座拥有一百八十年历史的民家中，粗糙的山毛榉木横梁和抛光的榉木柱子通过榫卯连接在一起，由德国建筑师卡尔·本格斯用传统方法精心修复。

下图：江户时代艺术家藤川忠信的木版画，描绘了石部这个位于东海道上的，有着农家风格商店的驿站城镇。

上图：本格斯重建的民家，粗糙原木和竹子用稻草绳捆绑结合一体，赋予了建筑原始的美感。屋顶茅草厚达五十厘米。传统上，阁楼用于养蚕或储存，并通过装有可拆卸抽屉和壁橱的日本楼梯箱进入。这次重建中安装了一部楼梯，并用电灯照亮了黑暗的空间。

四种其他屋顶类型

农舍以各种不同的基本形状和屋顶样式为特征，其中一些可以根据其功能来解释。其中的两个，合掌和里形风格已在前面论述。此处展示四种其他样式。

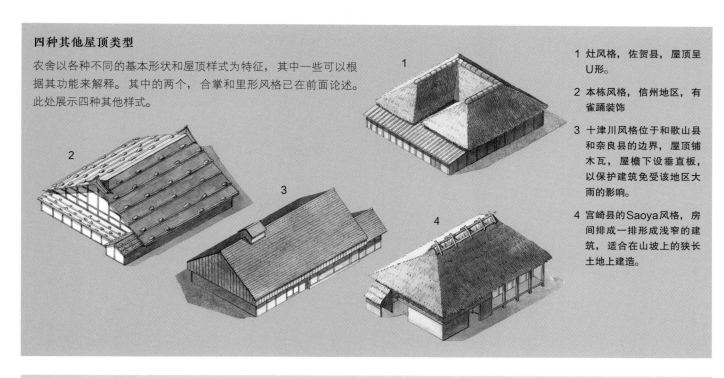

1 灶风格，佐贺县，屋顶呈U形。

2 本栋风格，信州地区，有雀踊装饰

3 十津川风格位于和歌山县和奈良县的边界，屋顶铺木瓦，屋檐下设垂直板，以保护建筑免受该地区大雨的影响。

4 宫崎县的Saoya风格，房间排成一排形成浅窄的建筑，适合在山坡上的狭长土地上建造。

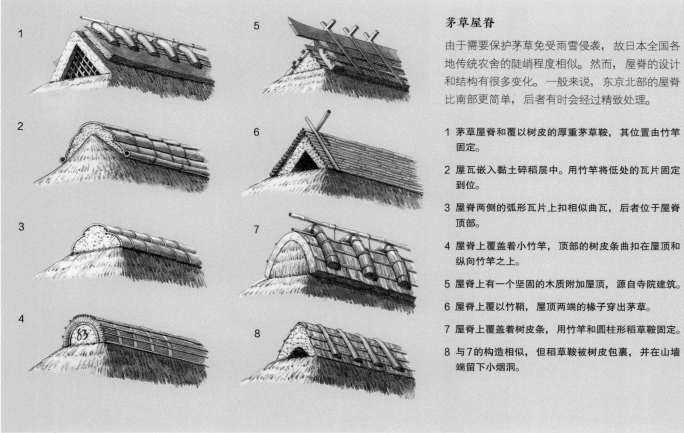

茅草屋脊

由于需要保护茅草免受雨雪侵袭，故日本全国各地传统农舍的陡峭程度相似。然而，屋脊的设计和结构有很多变化。一般来说，东京北部的屋脊比南部更简单，后者有时会经过精致处理。

1 茅草屋脊和覆以树皮的厚重茅草鞍，其位置由竹竿固定。

2 屋瓦嵌入黏土碎稻层中。用竹竿将低处的瓦片固定到位。

3 屋脊两侧的弧形瓦片上扣相似曲瓦，后者位于屋脊顶部。

4 屋脊上覆盖着小竹竿，顶部的树皮条曲扣在屋顶和纵向竹竿之上。

5 屋脊上有一个坚固的木质附加屋顶，源自寺院建筑。

6 屋脊上覆以竹鞘，屋顶两端的椽子穿出茅草。

7 屋脊上覆盖着树皮条，用竹竿和圆柱形稻草鞍固定。

8 与7的构造相似，但稻草鞍被树皮包裹，并在山墙端留下小烟洞。

左图：这栋1912年的民家经过修复，其木地板客厅被改造为榻榻米垫房。房主是平面设计师山本刚史，他亲自将新鲜的生漆涂在地板上。除了重修屋顶瓦片并重刷灰泥墙壁，房屋的结构和外观保持不变，其内部增加了一些21世纪用品，而没有损害原始建筑的整体性。

吉村家住宅

位于大阪府羽曳野市的吉村家住宅建于1615年左右，是日本现存最古老的农舍之一。1937年它被指定为国家宝藏，成为第一个获此殊荣的民家。1975年，整个院落被重新命名为重要文化遗产。吉村家族的先祖在镰仓时代早期就定居于此，并成为该地区最强大的领导者，最终管理了十八个农业村庄。

吉村院落为土墙围绕，通过一个巨大的长屋门进入，这座大门建筑设置了保卫室、仆人休息和储藏间。其宏大结构被歇山形茅草屋顶覆盖，这种只授予少数平民的建筑形式成为地位的象征。与大多数民家一样，它的主要房屋被划分为土间和架高的区域，前者用于加工和烹饪食物等工作，后者则铺以榻榻米垫，部分通过阳台与庭院隔开，分为居住、就餐、睡眠和娱乐几个房间。建筑一端的大客房则可作为早期例证，展示了书院风格如何从城市府邸融入高级农民家庭，它具有凹入式壁龛，以及俯瞰有顶走廊的内置书桌。

另有一个升起木地板室内阳台，被称为"广敷"，从榻榻米垫区域突出到土间，在工作区和休闲区之间提供了半正式的过渡。而顶部的巨大屋顶则由小屋组结构支撑，它们大部分隐藏于竹制天花板之上，而天花则又搁置在粗糙的横梁上。当吉村家住宅在大约二百年前

进行翻新时，屋顶变成了今天所见的大和栋风格——悬山茅草屋顶融合了延伸的瓦屋顶。

大多数人通过土间区域的大门进入吉村家住宅。但是重要的客人可以使用精心设计的入口门厅，这个入口在住宅架高部分打开。在封建时期，武士阶层的访客被提供专属大门进入建筑，这种大门仅为统治阶级成员保留。现在的房主从最初进行建造的吉村首领那里继承了吉村家住宅。这个院落每年向公众开放两次，春秋季节各一次。

上图：吉村家住宅，以大和栋风格建造，茅草屋顶融合瓦顶批檐。

下图：吉村家住宅布局

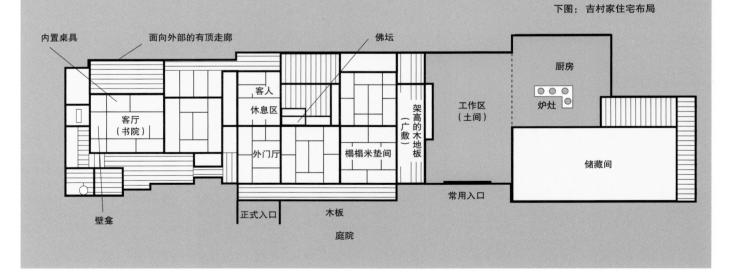

重建农家

传统的日本农舍，有着陡峭的茅草屋顶，裸露的柱子和梁架，以及可以拆除的滑动板门，使人们与大自然亲密接触，这对许多人来说具有浪漫的吸引力。于是那些被其所有者遗弃或忽视的农舍，正被那些希望回归乡村或寻求更自然的生活方式的人们购买。有时候这些农舍甚至被外国人购买，他们形成了对日本传统民居的热爱。

修复

一些情况下，在结构考量和当地建筑规范允许的范围内，传统农舍正在被恢复到原始状态。这通常涉及消除多年来连续几代居民所做出的房屋建筑变化，他们可能用锡覆盖了原来的茅草屋顶，用更现代化的设备取代了开放炉床或黏土灶台，或者用永久性墙壁取代了滑动门板。

修复还可能涉及更换一些已经腐朽到不再安全的梁柱，或者当这些需要拯救的梁柱构件（从被拆除的旧农舍中）不再具有美学吸引力时。修复原始的茅草屋顶需要找到大量合适的芦苇，寻找真实的材料和有见识的手工艺者也变得越来越困难和价格昂贵。然而对于那些坚持不懈的人，其回报也是巨大的：特别令人愉悦的是建筑物中的光影游戏，巨大的屋顶由开放且由繁复的梁柱系统支撑，包浆的木走廊和阳台经过多年的使用，变得有光泽。

改造

在其他情况下，传统农舍被进行改造，以使其更为舒适，同时保留最初建筑的质朴优雅。这通常涉及前述的修复过程。

例如，最初的茅草可以用金属屋顶覆盖或替换，以保持原始屋顶的形状和坡度，但是维护更容易且便宜。众所周知，由于传统农舍寒冷且通风。其他流行的改造方式包括增加天花板和安装密封的窗户，恰恰弥补了这些缺陷。传统厨房的泥土地面和燃木炉灶可进行改造，

虽然部分房间仍然保留了榻榻米垫、靠垫和矮桌，但其他房间通常配有桌椅。当现代家电和家具被精心挑选后，它们可以与传统农舍质朴简约的内部空间完美融合。

上图：经过修复后的优雅农舍，设有开放式壁炉。相邻的房间里可以看到传统的抽屉柜。打开推拉门则营造出宽敞的内部空间。

仓敷： 稻商城镇

在德川幕府的直接控制下，江户时代的仓敷市繁荣昌盛。小镇建在运河岸边，驳船里装满了运往大阪的大米和棉花。这些当地产品从附近的村庄收集，并储存在白墙黑瓦的"藏"（仓库）中，其中许多今天已经被改造成博物馆、商店、茶室或旅馆。

江户时代

江户时代的税收以大米的形式缴付给幕府将军。在16世纪后期，冈山城主宇喜多秀家在本州西部的内陆海上重新开垦海涂地，并将仓敷建成日本西部主要的米仓。仓敷不仅是区域产品的集合仓库，而且作为一个重要的批发和零售中心，富裕的农民在这里制造和销售清酒、靛蓝（染料）和其他产品。这个城市的名字"仓敷"（kura意为"仓库"）就反映出过去对商业活动的重视。

仓敷的江户时代建筑主要由墙壁厚重的"藏"组成，这些仓库连接着商人的房屋（町屋），后者匹配仓库的风格而建造。仓库和町屋的墙壁都经过粉刷，其中一些墙壁用不同灰度的黑色和灰色方瓷砖装饰，屋顶上则覆盖着黑色的本瓦葺瓦片。

在江户时代，仓敷的地方官不允许普通市民建造两层的町屋。因此，富商建造起貌似两层楼的房屋。实际上前部的房屋包含了一个宽敞的开放空间，墙壁上部通过带有板条的窗户引进光线。许多情况下，房屋的后部区域会有二楼，可用于储存但不能划分为生活用房间。这些住宅建筑的基本原则在旧大原家和大桥家的住宅中得到了体现。这两栋房子都留存到现在，且相对较少改变。

旧大原家住宅主楼建于1795年，七间宽，六点五米跨深。坡形屋顶覆盖着黑色瓦片。其山墙端连接着较短的延伸部分，且自带屋顶。主楼临街的墙壁上铺有方形瓷砖。大桥家住宅与前述的大原家住宅大致同时建造，一个武士风格的大门（长屋门）彰显着这个家族的特殊地位——服侍丰臣秀吉的武士家族的后裔。这所住宅具有典型的町屋风格，泥地通道贯穿前门入口直到后门，在其一侧有几个榻榻米垫房间。房屋前部有两间六叠大小的房间作为商店，经理或他的助手在这里会见顾客。住宅内部的大型榻榻米垫客房则为大桥家的日常活动提供舒适的起居空间。

现代时期

伴随着1868年明治维新和德川幕府的消亡，仓敷丧失了来自幕府的赞助，其繁荣程度开始下降。几位社会贤达和政府官员决定启办棉纺工业。在当地富商大原孝四郎的支持下，仓敷纺纱公司于1888年建造，使用从英国进口的砖块，试图重建一座现代纺纱诞生地兰开夏郡的纺纱厂。工厂取得了成功，社长大原孙三郎利用自己的财富收集了著名西方绘画作品，并于1930年建成了大原美术馆，这是日本第一家西方艺术博物馆。他的儿子在修复的仓库中建立了著名的仓敷民艺馆和仓敷考古馆。与大多数其他仓库不同，仓敷考古馆所在处最初是一个渔业仓库，也是仓敷最大面积的仓库。仓敷纺纱公司的旧工厂则由常春藤覆

上图：当清酒商店的雪松树枝球变成为棕色时，顾客知道新的清酒已准备就绪。

下图：旧大原家住宅采用典型的仓敷风格建造，配有白色石膏瓷砖墙壁。

左上图：最初，石头地面的小巷方便了运载棉花推车的通过。今天，大多数小巷已经重修地面。方形瓷砖是小镇与众不同的一个特色，装饰在小巷两侧建筑物的墙壁上。

左下图：这些商店二楼的白色石膏与瓷砖和底层的深色木材形成了鲜明的对比。

左图：以"藏"风格建造的两层住宅，白色石膏，装饰瓷砖和板条窗是该地区的典型特征。这所房子沿着仓敷迷人的柳岸运河建造。

下图：前市镇办公室仓敷馆是一座木制的仿洋建筑，现在被用作信息办公室。

盖的砖砌仓库组成，被翻修为仓敷常春藤广场。这个广场深受游客欢迎，有着备受赞誉的酒店、博物馆和商店。

其他有趣的建筑包括传统旅馆，如鹤形料理旅馆，其前身是旧小山住宅，建于1744年，是仓敷现存第二古老的町屋。它的主宴会厅最初是位于二楼的储物区，有一百叠榻榻米垫大小。另一家是仓敷旅馆，前身是明治时代住宅和前糖商"藏"。曾作为市镇办公室的仓敷馆是一座木制两层楼建筑，采用栈瓦葺屋顶和外墙水平板侧线。它建于1916年，是仿洋建筑的一个优秀例证，在本书后面将有描述。

仓敷在第二次世界大战期间逃脱了轰炸。因此它能够保存许多不同历史时期的著名建筑，成为活生生的旧建筑风格的户外博物馆。每年都有数百万游客探访仓敷，沿着运河漫步，并欣赏其迷人的建筑，其中许多都是改造后的仓库。

仓库的重要作用

尽管仓库在日本文化和建筑的发展中发挥着重要作用，但它们很少得到关注。史前兴起的"藏"发展成早期的神道教神社和首领住所，最终对宫殿和住宅建筑产生了重大影响。"藏"还演化成各种形式，如商业仓库、酿酒厂、神社寺庙的藏宝库。

早期发展

日本一些最早的政府机构是圣仓，用以保存圣物。大藏里储存着国家财产，包括作为税收的大米；而内藏是用于保护天皇的私产。直到最近，财政部还被称为大藏省（译者注：2001年后改称财务省和金融厅）。早期的政府仓库可能像绳文时代，弥生时代和古坟时代的史前仓库一样被从地面抬高。701年，以中国唐代为榜样，一个新的律令将大藏省指定为八大官僚机构之一。在平安时代，这个被称为国库的政府部门包含了一幢办公大楼和八栋仓库，位于平安京皇宫之内。

保存贵重物品的正仓（真仓）与临时仓库不同。由于它与宝物联系在一起，所以架高的正仓别具声望，并为神道教神社，部落首领房屋和宫殿提供了原型。随着6世纪的佛教传入日本，寺院建造了用于保护诸如佛经之类宝藏的仓库。寺院仓库有两种类型：第一类校仓，是一种传统的高架地板结构，其木墙由三角形断面的木材构成，在雨季时膨胀以防止湿气进入，而在凉爽干燥的月份收缩，从而实现空气流通。它的屋顶上则覆盖着瓦片或柏树皮。另一类是梁柱结构的仓库，厚重的木墙在地面上立起。前一种风格的例子是正仓院，作为奈良时代的皇家宝库，仍然位于东大寺院内。这个时期的其他校仓可以在奈良唐招提寺中找到。而梁柱结构的仓库的一个佳例是奈良春日大社的旧经库，可追溯至13世纪。

后期发展

当禅宗在镰仓时代被传入日本时，引入了一个八角形的佛经仓库。它的中心有一个回转形的书柜——这种风格后来被其他教派采用。在江户时代，人们普遍认为绕书架一次就能获得与实际阅读经文一样多的宗教价值。多年来，大多数神道圣地、佛教寺院、武士和富裕商人的房屋里积累了绘画、书法和其他工艺品，这些艺术品被存储在"宝库"中，起到博物馆的功用。如今，传统的"藏宝库"正在被更能抵御风与火的混凝土结构所取代。

在镰仓时代，商业仓库被开发用于存放贸易商品。有时，这些建造质量优良的仓库空间被租给其他人，以保管重要文件和珍贵物品，如珠宝和金币。因此，它们也起着早期银行的作用。最终，商业仓库在港口城市，驿站城镇和城堡城镇变得司空见惯，厚壁提供的稳定温度和湿度使其适宜制作和储存味噌酱和酱油等发酵产品。

"藏"还可用于存放艺术品、榻榻米垫以及别墅、府邸和早期现代住宅的床上用品。根据季节和场合，物品在住宅和"藏"之间搬动。在日本新兴城镇和城市中，高架仓库最终被舍弃，转而倾向于在厚重的木材基础上竖立起地面梁柱结构。由竹条或木条组成的格子用于填充柱间空间。然后用黏土和稻草的混合物覆盖格子并进行涂抹。屋顶则铺设瓦片或覆盖

上图：奄美大岛的高架仓库，最初遍布日本各地，旨在保护粮食免于湿气与鼠害。

上图：京都西本愿寺的独立"藏"，中心有一个转库，用于存放佛经。

左图：这个"藏"的巨大墙壁附着在一座町屋上，墙壁的地面层采用雪松板覆层，上面是白色砂浆。深陷的窗户可以让人很好地了解墙壁的厚度。窗户足够大，以提供通风。

黏土，并在其顶部建造了一个次级木屋顶，以使黏土屋顶免受雨淋。在发生火灾时，顶部木屋顶可以燃烧，却不影响黏土屋顶。室内的地板上安装板条，以允许空气进入并传到上层。

在地震少的地区，"藏"的墙壁有时用黏土砖或石头建造。屋顶由木材制成，覆盖瓦片，底部则涂以灰泥。或者结构由木材制成

（地震地区），石头堆叠在其周围。在某些情况下，屋顶覆盖着岩石，塑造成瓦片形状，以提供重量并进行防火。

对页下图：这个位于私人住宅的仓库有着厚厚的灰泥墙壁和天花板，用于防火。一扇凹进的门通向左侧的储藏室，其中包括一个阁楼，通过楼梯到达，阁楼下的空间用于存储小件物品。

日光的陵墓

根据德川家康的嘱托，当他在日光山去世后，停陵一年被人供奉。在这里他也被追赐为关东地区的守护神。日光的原始建筑很朴素，但几年后家康的孙子德川家光更加精心地重建了它们，以希望能够彰显德川幕府的财富和力量。

历史

日光白根山作为圣地驰誉已久。766年，佛教高僧胜道上人在山顶修建了一座寺院。多年来，名士贤达增设了其他的寺庙，如真言宗创始人弘法大师，又如源氏的诸多领主，包括第一代幕府将军源赖朝。在镰仓时代，一位皇室成员被任命为寺院住持，这一传统一直持续到江户时代。

当第一代德川幕府将军德川家康于1616年去世时，他的骨灰被埋葬在静冈县的久能山寺。第二年，日光寺第五十三位住持慈眼大师协同德川家康的朋友，将骨灰移至日光山密林深处

的东照宫中。德川家康被奉为"权现"——一个既是神灵又是佛陀的化身的神号。最初的建筑以简朴的和风（日式）形式建造，二十年后由家康的孙子德川家光拆除，并以更加精致的中国禅宗风格重建。大多数建筑物内外都覆盖着金箔以及黑红涂漆，并用神话中的花卉、鸟类、动物、人物雕刻进行装饰。

1651年德川家光去世后，日本天皇授予他佛教谥号"大猷院"，并于1653年在他祖父的陵墓附近建造了大猷院灵庙，供奉其骨灰。坐落在茂密柳杉树林中的大猷院灵庙与东照宫一样华丽。然而它更小巧，并被大多数人认为更加优雅和均衡。像东照宫一样，通往主楼的路径由成序列性的三座大门及其附属建筑物（如仓库）提示标记。主要建筑物本殿、本殿与前殿之间东西向的空间、前殿多采用中国禅宗风格，并通过有顶的回廊相互连接。建筑物内外覆盖着金箔及黑红色漆面，并用花卉和中国龙形图案雕刻进行装饰。

世界遗产

1999年，两个灵庙以及其他附属建筑物被登记世界遗产名录，如该地区现存最古老的二

荒山神社，这个建筑群由一百零三幢房屋组成，其中九幢为国宝，九十四幢为重要文化财产。

选择日光成为世界遗产的理由，首先，大多数建筑都是一些日本17世纪最伟大艺术家的作品。其次，权现风格对后世的陵墓和神社建筑产生了重大影响，而日光的这些建筑物是其中最好的例证。最后，遗址发挥了至关重要的政治作用。京都朝廷使节，接替的幕府将军以及来自韩国的外交官经常访问这里，这个理由其实承认了这样的事实，德川家光成功地实现了他的目标——将日光作为德川势力的一个展示窗口。

重建东照宫

东照宫和大猷院灵庙是日本最华丽、最昂贵的建筑。当东照宫神社重建时，德川家光从其祖父德川家康留下的私人遗产中支取了约五十五亿日元，雇用了超过一万五千名工人和一些日本最优秀的艺术家与工匠，他们在这个项目上贡献了超过每日四百八十万人的工作量。建设工作始于1634年11月，在甲良宗弘的指导下进行。甲良宗弘参与过京都德川家康伏见城离宫以及桂离宫的建设。东照宫重建的总建筑成本大致相当于日本当时的国家年度预算。这样大型的项目在之前是不可能实现的，它受益于建筑技术方面取得的各项进展，例如高程图，以及从系统中获得概算、标书和承包商。

当一个人穿过表门（前门）、阳明门、唐门，再到主神社时，场地沿着石阶斜坡向上流动。色彩协调是在江户时代最著名的艺术家狩野探幽的指导下进行的。

东照宫的重建也受到装饰艺术发展的影响。随着佛教的引入，许多神社开始模仿佛教寺院在外部使用朱漆，然而其室内设计通常很简单。在室町时代结束时，在神社中使用颜色比在佛教寺院中更加突出。随后的桃山时代和江户时代则见证了更多明亮的三维雕塑的使用。这种装饰趋势在日光东照宫达到顶峰，其内外表面

都覆以五彩缤纷的雕刻、镀金、漆绘等工艺，堪比巴洛克风格般豪华。

东照宫重建耗时一年半的时间完成。在1636年4月举行的盛大仪式上，德川家康的灵魂迁定于此。尽管日光因其铺张缺乏品位而被许多人嘲笑，但其工艺因纯粹的技巧而受到钦佩。

上图：由德川幕府将军二世在1619年建造，二荒山神社是日光现存的最古老建筑。

下图：部分日光区域的简化平面。

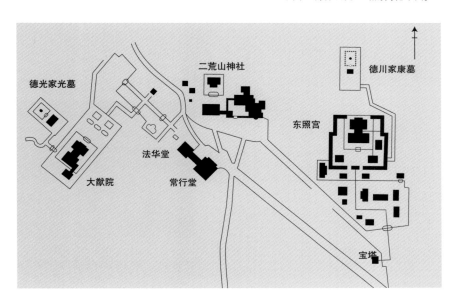

日光东照宫神社

东照宫建筑没有过度考虑对称性。场地沿着石阶上坡，一路上穿过表门（前门）、阳明门、唐门再到主神社，会遇到许多不同类型的建筑物。整体平面非常复杂，旨在营造独特的心理感受。例如，阳明门的特点是色彩丰富。在通向大门的建筑中使用了许多颜色，但如果不是采用了一种更保守的配色方式，其结果将更令人吃惊的。在阳明门中，这种色彩爆炸里增添了大量的白色，暗示着一个人即将进入神圣的空间。这种巧妙的配色方案是由江户时代早期日本最著名的画家狩野探幽设计的。

建筑群中一些最著名的建筑物是三座圣仓，神圣的马厩上装饰着著名的猴子雕塑——"君子非礼勿言，非礼勿视，非礼勿听"，一座包含七千部经书和钟鼓塔的旋转图书馆，拜殿（演讲厅）和本殿（主殿）。经过主要的建筑物，一段石阶通往德川家康的坟墓。

伊势神宫的审美克制与日光德川陵墓的华丽光彩形成对比强烈。然而两者都以自己的方式呈现其壮观。它们是日本文化活力的纪念碑，根据环境和资助者的不同，既强调克制又强调繁华。

本殿（主殿）

拜殿

唐门

鼓楼

圣泉（手洗）

东照宫阳明门是一幢两层高的大门，高十一点一米，深四点四米，中式弧形屋顶，这个建筑装饰有五百零八块彩色雕刻。

钟楼细部，展示精制的斗拱系统和彩色装饰。

作为三座圣仓之一，这座建筑是春秋
节日的用具库。

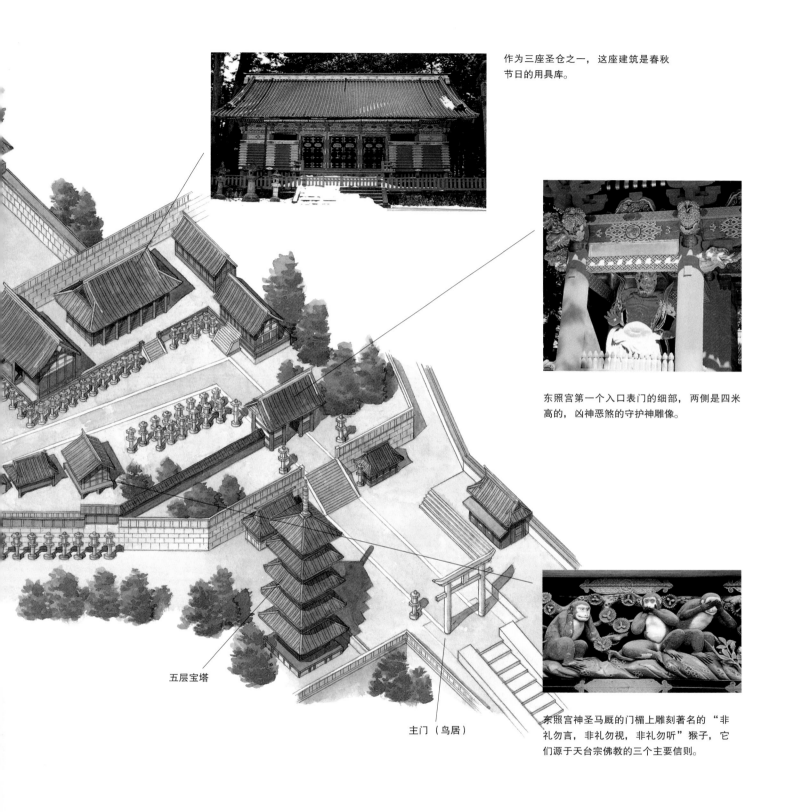

东照宫第一个入口表门的细部，两侧是四米
高的，凶神恶煞的守护神雕像。

五层宝塔

主门（鸟居）

东照宫神圣马厩的门楣上雕刻著名的"非
礼勿言，非礼勿视，非礼勿听"猴子，它
们源于天台宗佛教的三个主要信则。

左图：图书馆内置了一座八角形的旋转书
库，包含了一整套经文。

数寄屋风格的别墅与宫殿

上图：用于推拉门的门把手，中心位置凹陷的金属板，通常上釉。它们提供了日本金工的绝美案例。

下图：现在的东京皇宫，始建于1968年，位于原始的江户城堡之内，保持着桂离宫的传统，充满直线条和优雅简约性。根据东京皇室厅提供的照片绘制。

数寄屋风格是书院风格的非正式版本。书院风格通过使用华丽装饰的墙壁，厚重的方木和装饰性天花板来实现其庄重性。而数寄屋风格则借鉴了茶室的很多技巧，并强调使用天然材料，比如树皮会留在建筑杆件之上，以营造轻松的氛围。另一个不同之处在于，在神社和寺庙的传统中，书院风格建筑的屋檐会微微向上翘起，而数寄屋风格则轻微向下弯曲。

数寄屋审美品位

书院建筑从室町时代的寝殿式风格发展而来，后来继续用于正式场合的建筑物。但对于上层阶级的日常活动来说，书院建筑的氛围太过于宏大。因此这种风格被改进，使用更精致的结构构件，并试图营造更加质朴的氛围来适应日常生活。而这种氛围与茶道相关，由其审美的克制和谦逊的规则所决定。与此同时，书院风格的一般比例和优雅特质仍被保留。结果呈现出的是精湛的效果。许多人认为数寄屋风格代表了日本传统建筑的精髓。

影响力颇巨的德国建筑师布洛诺·陶特宣称日本建筑的两个高峰是伊势神宫和数寄屋风格的代表宫殿——桂离宫。这一说法凸显了这样的事实，伊势神宫由于其简洁的优雅和对天然材料的偏好，为日本住宅建筑提供了原型，影响了宫殿、别墅和早期现代住宅建筑的发展。当伊势神宫所表达的审美原则与茶道的美学相结合，造就了如此精致和高度复杂的品位，它代表了日本文化对世界的主要贡献之一。

成巽阁别墅

成巽阁位于金泽著名的兼六园的一端，由加贺家族的第十三代主人前田齐泰于1863年创建。作为送给母亲的礼物，这座府邸有一千平方米。飞鹤亭是成巽阁的三个花园之一。其间的茶园氛围宁静，遍布岩石，苔藓；溪流环绕阳台。

别墅楼下的房间以正式的书院风格建造，而楼上更华美的房间则是数寄屋风格。这里设有七间有着精致天花板和墙壁的房间。每间客房均以所用材料或天花板风格命名。"群青色之间"的凹陷格子天花板上，其周边的檐板和格子面板间接缝（梁）是蓝色的（群青色）。而相邻的"群青书见之间"是一间小型阅览

室，有着蓝色天花板，紫色墙壁和地板升高的黑色壁龛。凹室的一侧是交错的书架，与之共用支柱，这种独特设计既优雅又节省空间。在壁龛前面是一个高起的垫子，人们可以坐在内置的台面之上。而"网代之间"的天花板由雪松柳编制成。所有三间客房均设有障子窗户，其上装有从荷兰进口的玻璃板，从而允许住客在冬季观雪无须不打开滑门。第四个房间"越中之间"，制成天花板的雪松板来自越中的一个小镇，现在被称作富山。

上图：横滨三溪园的月华殿别墅是由一座江户时代的大名府邸迁移而来。它是数寄屋风格建筑的杰出典范，内部镶板由狩野画派学校艺术家绘制。

左图：经过修复后的中村家住宅。室内两个相邻的榻榻米垫房间曾用作接待室，在这里漆器商人交换了他们的贸易信息。黑色漆木柳条盒用作产品手提箱。

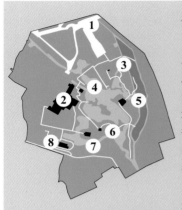

桂离宫——独立式宫殿

数寄屋风格最著名的例子是桂离宫，1615年左右由后阳成天皇的弟弟八条宫智仁亲王建造。八条宫家从二代德川将军德川秀忠那里获得桂庄园，以换取他联络皇室和德川幕府的服务。这块地产最初是藤原道长在平安时代宅邸的所在地。很可能是紫式部（女）的著名小说《源氏物语》的一些情节中的场景。而当17世纪早期，八条宫智仁亲王建造桂离宫时，最初的府邸已不复存在。1641年和1662年更多的建筑物被增设，导致了今天建筑群的不对称布局。今天的桂离宫由四个相连的建筑组成：旧书院、中书院、乐器间和新宫。

桂离宫建筑升起于立柱之上，延续着伊势神宫和宫殿风格的传统。建筑下部围以白色抹灰墙，间或点缀竹板条。这种升举建筑风格促进了空气流通，并提升了花园景色的观感，占地约五万六千平方米的回游式园林中遍布人工山丘、池塘和溪流。园中小径连接着宫殿，蜿蜒在不断变化的微型景观之中，旨在与建筑物形成一个整体。

宫殿建筑位于池塘以西，歇山顶铺以柏树皮瓦。四座建筑的交错式布置被描述为"雁行"——一个使新鲜空气流通和园林观景最大化的布局方式。每栋建筑的楼层和屋檐高度都略有不同，实现了所谓的"瀑布效应"。宫殿的地板上铺设榻榻米垫，室内空间被装饰高雅的滑动纸门所分隔。外立柱之间的空间设置滑动门，可开可合，由木制框架制成，其上覆以透光的半透明米纸。

古书院其中一间房间，壁炉房里有一个下沉火坑。为了防止火灾，所有的门都是用木板而非通常的纸制成。中书院的房间用于接待客人并用作客房。一个面向池塘的观月台附属于古书院的主要房间，这里举行聚会，观看满月，书写中日诗文，并尽情享受美食。升架的平台没有墙壁或屋顶，其地面由薄竹干制成，提供一种不拘礼节的感觉。

中书院比古代书院小，但以更正式的书院风格建造。天皇的御座位于一间名为"一之间"的房间内。这个房间只有六叠榻榻米垫，但墙上有一孔挂有风景画的大壁龛，营造出一种空间感。"一之间"通过通廊与"乐器间"相连。

乐器间内有壁龛，一把古筝（日本竖琴）置于其中，另有一扇小窗可瞰内院。附属于乐器间是一条走廊，客人可以坐在栏杆或嵌入式长凳上观看体育比赛，比如蹴鞠、射箭和赛马比赛，这些比赛所在的大草坪如上图所示。

上图：桂离宫的简化布局图。交错的宫殿建筑位于大池塘的西边，成为这座包含岛屿、桥梁、岩石和树木的回游式园林的核心。地面散落着三座茶馆和一座私人寺庙。

1 表门（前门）
2 书院建筑（宫殿）
3 待合（茶道等候区）
4 月波楼茶室
5 松琴亭茶室
6 赏花亭茶室
7 园林堂祭祀堂
8 笑意轩茶室

右上图：桂离宫建筑升起于立柱之上，延续着伊势神宫和宫殿风格传统。

右图：桂离宫新御殿"一之御间"。外部滑门上覆盖着半透明的米纸，推开则可欣赏园林景色。这两张照片均由京都宫内厅提供。

临春阁别墅

横滨市本牧三溪园于1906年创立，创建人原富太郎是一位富有的横滨丝绸商人，更出名的是他的化名——原三溪。这是一座占地十八万平方米的园林、树木、花卉和池塘构成了原家族府邸的优美环境。屋主从京都和奈良收集和搬迁了一些历史建筑，包括鹤翔阁和临春阁这座江户时代的武士府邸。

1649年，临春阁沿着和歌山县的纪之川河初建，是第一位纪州藩领主德川赖宣的夏季别墅。原三溪于1906年将其购入，次年在他的花园中修复，并将其改名为临春阁，字面意思是"春日观景亭"。它是封建时期留存不多的别墅之一，是数寄屋风格建筑的杰出典范。建筑分为三翼，第一翼是客人及其附庸的前厅；第二翼用作领主会客；第三翼则主要是配偶的起居。第一翼以滑门上的漆画著称。它由当时重要艺术家所做，其中包括两位狩野派艺术家，即狩野探幽和狩野安信。

园林中其他被迁来的建筑物包括京都灯明寺的三重塔（1457年），从丰臣秀吉的桃山伏见城和二条城移来的旧寺庙结构和建筑，以及岐阜县的一座古老的茅草屋。

其他数寄屋风格的案例

曼殊院是属于天台宗的京都寺院，习惯上由一位从皇室选出的住持统率。这种皇室居住的寺院被称为"门迹"。大书院和小书院是曼殊院的两座书院建筑。小书院以数寄屋风格建造，含有两座房间，"暮光之厅"和"富士之间"，以及两座茶室和一个厨房。虽然两个主要房间包含书院风格的基本特征，例如上段（接待客人或仆从的抬高区域）、装饰性壁龛、书架和内置桌台，这些特征以非传统风格布置，反映了设计师的个性和品位。强调独特性是数寄屋风格的定义特征之一。

曼殊院修建一年后，早期书院建筑的另一个典范——京都西本愿寺的黑书院建成。它被

设计成亲切而私密的场所，由几个相邻的房间组成，寺院住持可以在这里进行私人晤面，远离公务，得以放松。

为了达到私密的目的，黑书院的室内柱子和天花板被漆成黑色，也因此得名。客房装饰有水墨山水画和天然木料，从而营造出精致而微妙的氛围。同一寺院中，主殿和白书院的华丽形式与之形成鲜明对比。最著名的房间是"一之间"（第一房间），含有标准的书院特征，如装饰壁龛和内置桌台，但它们的布置方式与正式的书院风格有别。

曼殊院小书院与西本愿寺黑书院有诸多相似之处，这并非偶然。曼殊院于1656年由智仁亲王的弟弟良尚亲王建立，而智仁亲王的女儿是西本愿寺住持的妻子。

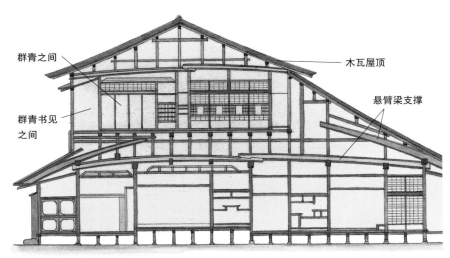

群青之间
群青书见之间
木瓦屋顶
悬臂梁支撑

上图：成巽阁别墅剖面。一楼是书院风格房间，顶楼则是数寄屋式房间。日本仅存的武士宅邸中最优雅的建筑之一。根据成巽阁宣传册绘制。

下图：群青书见之间。成巽阁别墅的小型数寄屋风格书房，以其不同寻常的色彩著称。

上图：京都吉田山庄宽敞的客房，这是一栋20世纪30年代的两层高皇家别墅，目前是一家高级旅馆。其柔和的色调和天然木材传达出数寄屋风格建筑的精致宁静。

对页图：吉田山庄正门玄关的精美镶板门，其图案源自装饰艺术主题。滑门将玄关与别墅内部分开。

现代改进

今天的吉田山庄是位于京都的一座高级旅馆，于1932年在吉田山脚下建成的，当时是现任明仁天皇的叔叔东伏见慈洽的私人住宅。东伏见慈洽在京都大学期间居住于此。

数寄屋风格推动了自由性，本着这种精神，别墅结合了传统书院风格特征，比如榻榻米垫、壁龛和交错书架，以及在日本昭和时代早期流行的装饰艺术风格。

别墅完全由日本扁柏建成，每个构件都由传统方式连接，不使用一钉一铆。而每个额顶瓦片和滑门把手都采用了皇室菊花设计，这种设计元素仅限于皇家资助的建筑。

吉田山庄是由建筑大师西冈常一设计的，他还监督过奈良最著名的佛教寺院的修复工作，如法隆寺和延历寺。

剧场与土俵

江户时代是一个相对稳定、和平、繁荣的时期。艺术和手工艺蓬勃发展，文化遍及日本社会。像能乐剧这样的传统娱乐形式不断吸引贵族阶层。但新的娱乐形式，如歌舞伎、文乐和相扑得以发展，以满足普通人的需求。

能剧

能剧根植于平安时代的猿乐（"猴子音乐"），它结合了几种早期的流行娱乐形式。猿乐逐渐发展成更复杂的戏剧，被神社寺院用于向普通民众解释宗教概念。

奈良春日神社的神道神职观阿弥，和他的儿子世阿弥带给猿乐一种更为艺术性的形式，引起了足利幕府将军足利义满的注意。在他的赞助以及禅宗的影响下，观阿弥和世阿弥发展出能剧，结合表演、合唱和奏乐，产生一种优雅而神秘的艺术形式，甚至被人比作古希腊戏剧。主导能乐的美学思想是幽玄。它是一种深层次的美，只能通过声音和动作的微妙差别来表现。如果一个剧目中包含多个剧集，则其中可穿插即兴简短的快速喜剧——狂言，后者有时也被独立演出。

最初，能剧在现有的神社或者根据场合搭建临时舞台进行表演。由于能乐在统治阶级中广受欢迎，结果许多大名在他们的私人住宅中建造了能乐舞台。尽管起源低微，能乐对于一般人理解还是太复杂了，以至于从未像之后的歌舞伎和文乐那样流行。尽管如此，能乐在封建时代吸引了众多受教育的平民。今天，能乐剧通常在一个永久性剧院中演出，它包括一个有顶的舞台及观众的座位。在戏剧开始之前，乐师团和合唱团成员进入并坐在主舞台后部和侧面。其中一些戴面具的演员通过堤道进入主舞台。舞台道具尽量精简。

文乐

在17世纪初期，净瑠璃（咏诵传统故事），三味线音乐伴奏（一种三弦乐器）和淡路岛民间木偶剧场，三者结合形成人形净瑠璃（用木偶讲故事）。

最终，新的戏剧形式被称为文乐，基于文左卫门名字的第一个音节，这位企业家带着表演剧团从淡路岛来到大阪，在这里使之变得流行。1984年，大阪建立了全国性的文乐剧院。

下图：奈良公会堂能剧场。堤道连接主舞台供演员进出，十七平方米的结构由柏木制成，唯一的装饰是背板上绘制的巨大松树。在堤道和主舞台前面是一片白色砾石和三棵小松树，象征着最初的能剧场设置在户外，通常在神社寺庙的地面之上。而今天，观众坐在舒适的空调环境中，免受昆虫、噪音和天气的影响。

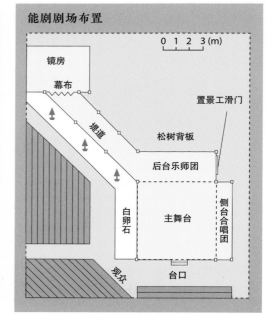

能剧剧场布置

0 1 2 3 (m)

镜房
幕布
堤道
置景工滑门
松树背板
后台乐师团
白卵石
主舞台
侧台合唱团
观众
台口

左图：江户时代的歌舞伎剧院，奥村政信木版画（1740年左右）。主舞台上方的坡屋顶让人回想起歌舞伎最初起源的能剧舞台。由于阻挡了观众的视线，这些柱子和斜屋顶最终被舍弃。座椅延伸到主舞台的两侧，有时甚至在舞台后面增加了楼厅。如果座位仍然不足，顾客则被允许坐在舞台之上。观众的行为举止往往是松懈的，特别是在私人包厢，导致法规制定，以提升公共道德并确保更大的秩序。

这是一栋现代化的五层高钢筋混凝土建筑，包括主礼堂、排练厅、培训室、演讲室、会议室、行政办公室和餐厅。今天这栋美丽的大厦增加了文乐的知名度。

文乐木偶由两三个木偶师操纵。不戴面具的木偶师操纵木偶的头部和右手，而其他肢体则由蒙面助手控制。

歌舞伎

歌舞伎是一种戏剧形式，涂绘面孔，身着奢华服饰的演员在吟唱和三味线音乐伴奏下表演传统故事。表演动作被夸大，舞台布景经常改变，以提供具有广泛吸引力的生动娱乐形式。歌舞伎表现历史事件、爱情关系中的道德冲突等。最初这种娱乐属于女性领域，而她们也会提供更加私密的消遣。最终，政府法规引导其成为更为正式和专业的娱乐形式，其中所有角色都由男性扮演，甚至一些男性歌舞伎演员专门扮演女性角色。

1652年，幕府将军宣布歌舞伎表演需要基于对话和演技，而写实主义的狂言，即兴喜剧在能剧之间进行。

虽然表演风格变得高度形式化，但由于采用了当时的口语，歌舞伎易于普通人理解，从而提高了它的流行程度。

起初歌舞伎在能剧舞台上演，但在17世纪，更大的舞台被采用，设置了幕布（使得更容易更换场景）和花道（演员房间通向舞台的

下图：文乐舞台专为容纳三人式木偶而设计。舞台前部设置实体栏杆，木偶师在其后操作，以遮挡他们身体的下半部分。在主舞台的一侧或两侧有升高平台，用于三味线乐师和太夫落座，他们演奏音乐、叙述戏剧故事。

上图：吴服座建于19世纪70年代，位于大阪府今池田市，是一个广受欢迎的当地剧院，建筑的山墙上有宽阔的批檐和鼓手阳台。除了歌舞伎表演，现代戏剧和政治戏剧都在这里上演。1971年，剧院被搬到名古屋附近的明治村美术馆。

右图：位于歌舞伎的诞生地，京都南座是一座现代歌舞伎剧场。它衍生于小江户时代剧场，是日本最古老的剧院。图中所示的巴洛克风格常用于当代歌舞伎剧院。在前述木版画内部看到的坡屋顶已移接至京都南座的外部。

堤道）。表演舞台左侧被视为首座，由高级客人和重要官员使用。位于花道上的活动地板门用于鬼魂和其他超人类角色的进出。歌舞伎舞台的一个不寻常的特征是可以旋转的圆形台面，以便在上一场完成时开始新场景。

17世纪晚期，著名的近松门左卫门借用了能剧中一些传统故事，写就了诸多最受喜爱的歌舞伎剧场故事。然而近松最终放弃了歌舞伎，转而为文乐写剧本，文乐在这一时期变得广受欢迎，以至于歌舞伎演员不得不模仿木偶来吸引观众。然而到了18世纪中期，当歌舞伎剧院加入了旋转舞台时，歌舞伎的观众超过了文乐，至今仍然吸引满座宾朋。

相扑

相扑是日本风格的摔跤和日本的民族体育，可回溯至古坟时代，用来娱乐神灵，从而确保圣灵保护，饱获丰收。在奈良时代，相扑与皇室密切相关，为贵族阶层提供娱乐。及至江户时代，相扑成为一种流行的娱乐形式，比赛通常在神道教神社场地上进行，以帮助筹集修复神社建筑的资金。

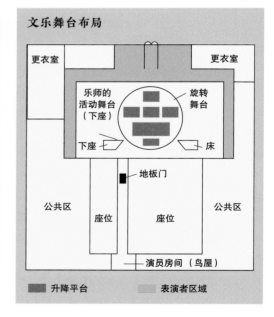

文乐舞台布局

更衣室		更衣室
乐师的活动舞台（下座）		旋转舞台
下座		床
	地板门	
公共区	座位 座位	公共区
	演员房间（鸟屋）	

■ 升降平台　　　■ 表演者区域

许多原始的神道教象征在今天仍然可见。比赛在一个圆内（土俵）进行，这是一个直径约五点四米的凸起平台。每场比赛都会覆盖沙子，压缩黏土。屋顶以神社屋顶的风格建造。相扑台和屋顶建在一个足以容纳观众的巨大建筑之内。最初屋顶由四根立柱支撑，但由于人们抱怨这些支柱阻挡了观众视线，最终屋顶被悬挂在建筑天花板之上，四个支柱被流苏替换，象征着四季与传统四个方位的中国神灵。而在竞技之前，选手表演一种古老的神道净化仪式，向相扑场内撒盐，并由一名身着镰仓时代武士服装的裁判来主持比赛，他黑色的纱帽与神道教神职的传统头饰相似。

比赛的目标是迫使对手离开相扑台，或者让他以脚以外的任何身体部位接触地面。对战本身通常仅持续数钟，在极少数情况下会持续一分钟或更长时间。虽然相扑选手通常非常庞大，能够施加巨大的力量，但他们被期望展现出相当的技巧。

相扑在1909年被指定为日本国技（即国家体育）。由于其强调形式与传统，这种独特的武术在其他国家引起广泛关注。每年举行六次锦标赛，在东京（三次）、大阪、名古屋和福冈（每地一次）之间轮流，每次持续十五天。良好的观众上座率有助于保证传统运动的存续。

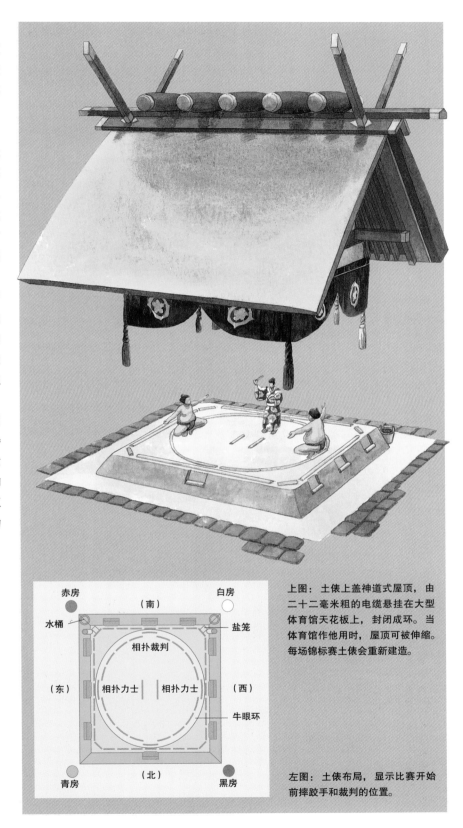

上图：土俵上盖神道式屋顶，由二十二毫米粗的电缆悬挂在大型体育馆天花板上，封闭成环。当体育馆作他用时，屋顶可被伸缩。每场锦标赛土俵会重新建造。

左图：土俵布局，显示比赛开始前摔跤手和裁判的位置。

赤房　（南）　白房
水桶　　　　　盐笼
相扑裁判
（东）　相扑力士　相扑力士　（西）
牛眼环
青房　（北）　黑房

变迁中的日本建筑

1868年的明治维新是日本传统与现代的分割线。从明治维新直至第二次世界大战结束被定义为早期现代日本。这个时期，日本的公共建筑领域受到了西方文化的浓烈浸染，而与日常百姓生活息息相关的建筑传统却依旧如故。

上图：为一个西式风格邮局上的方形塔，最初建于1871年的宇治山田。它采用了水平向的磨木墙板，搭配铜制穹顶。

下图：为明治时代备受精英人士青睐的西式住宅，1880年左右建于东京，现位于明治村。

明治时代（1868年—1912年）

伴随日本社会对德川幕府的日益不满，同时面临来自西方列强的军事压力，最终引发了1868年的明治维新。这次运动结束了日本的封建制度，并使天皇再次执掌国家政权。随着德川幕府退出历史舞台，日本开启了议会制君主立宪制时代。当时，为了规避来自西方的殖民渗透，代表国家意识形态的神道教酝酿并推动了一项野心勃勃的发展计划，以尽快实现经济和军事的现代化。很多有志青年被派往欧洲和美国学习银行、铁路、公路等运营现代化国家所需的各类技能。现代化工厂建立并获得政府资助，农村劳动力开始向城镇聚集，并在新建的工厂中开启崭新的生活。为了同西方竞争，日本冲破近三个世纪的封锁。为了成为强盛的国家，一项宏图伟业开始号召社会各界以及各个年龄层投身于此。

外籍顾问被引入日本，西方文化席卷全国。一时间，穿着欧美风格的服饰，吃西餐以及建立西式建筑成为风尚。新成立的国会甚至曾经商议过将英语拥立为官方语言，并引入西方女性更新基因库。在学校中，传统绘画技法被西方油画及水彩所取代。然而许多佛教寺院却被毁，无价的佛教画像出售甚至丢弃。但随之日本开始踏上了一系列国际军事冒险的征程。

后续时期

明治时代以明治天皇的逝世而告终。在随后的大正时代（1912年—1926年），明治寡头统治的专制制度让位于另一个时代，其特点是社会拥有真正的政党政府，人民更多地参与政治，工会快速发展以及一战背景下催生的经济繁荣。受过良好教育的中产阶级为广播、报纸、杂志和书籍事业的发展提供了有力支持。但最终，日本新民主社会屈从了日渐崛起的冒险的军国主义。

在随后的昭和时代（1926年—1989年），军方开始掌控政权并开启了军事扩张，并于中日战争和第二次世界大战时期达到顶峰。但随着第二次世界大战战败，日本历史上首次被国外势力占领，盟军受到美国人道格拉斯·麦克阿瑟将军指挥。民主得以重建，并书写了新的宪法。而作为与盟军合作的回报，裕仁天皇（去世后被追认为昭和天皇）得以继续留任宝座并成为日本历史上最为长寿的君主。裕仁天皇于1989年去世，随后，在其继任者明仁天皇的统治下，迎来了平成时代。

西方文化对于建筑风格的影响

总的来说，在明治时代，与政府和经济相关的公共建筑经历了重大转变。采用了源自西方的新建筑风格、技术和材料，包括使用石头和砖块，从而为钢铁、混凝土和玻璃铺平了道

路。许多明治时代的建筑被地震、战争和肆无忌惮增长的战后工业所摧毁。然而幸运的是，明治时代的一些建筑代表作品在明治村得到了很好的保存。该地区位于名古屋附近，并于1965年作为露天博物馆对外开放。明治村拥有六十多座建筑物，起初是从日本各地和其他地方购买和搬迁至此，用于销毁的。

为了以最快的速度发展现代化技术，明治政府聘请了包括国外工程师和建筑师在内的许多专家。1872年，东京银座筑地地区发生了特大火灾，而后政府聘请了英国工程师托马斯·詹姆斯·沃特斯负责该地区的重建，这也是日本第一例现代城市规划。直到1877年，银座地区的主要道路两旁均是欧式的砖建筑。

另一位对日本建筑产生深远影响的外国人是来自英国的乔赛亚·康德（1852年—1920年），他于1877年二十五岁时来到日本，担任工部大学校（今东京大学）建筑学教授以及政府公共建设部门顾问。1878年至1907年，康德设计了五十多座东京的重要建筑，其中就包括日本最大的砖混建筑——旧东京帝室博物馆本馆。（1923年关东大地震严重损毁，现已不存，译者注）

尽管日本很快就开始着手培养本土的建筑师和工程师，但在此后仍陆续有外籍设计师来到日本。其中最著名的一位是美国建筑师弗兰

克·劳埃德·赖特（1869年—1959年），他设计了东京帝国饭店。另一位是法国建筑师查尔斯·让纳雷，其更广为人知的名字为勒·柯布西耶（1887年—1965年），他设计了东京国立西洋美术馆。

命名法

日语中有许多词语是通过组合与缩短两个或多个外来词汇而创造来的。"Motra"（现代——传统）就是这样的专业术语，用于指在现代时期建造的传统风格建筑，也就是在1868年之后的这类建筑。

它通常有三种类型：

第一种类型是指那些基本结构和外观都是传统风格的建筑物，如住宅、旅馆、商店，以及邻里神社，将江户风格带入了现代。

第二种类型是指基本结构传统但外观现代的建筑物，例如外立面使用合成壁板和沥青瓦的现代房屋，但在结构上采用了传统的梁柱技术。

第三种类型是指外观传统但基本结构现代的建筑物，例如现代时期的商场和餐馆，它们试图营造出传统氛围以吸引顾客。

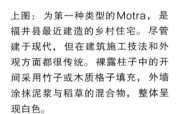

上图：为第一种类型的Motra，是福井县最近建造的乡村住宅。尽管建于现代，但在建筑施工技法和外观方面都很传统。裸露柱子中的开间采用竹子或木质格子填充，外墙涂抹泥浆与稻草的混合物，整体呈现白色。

左上图：为第一种类型的Motra，一间建于现代时期的茶室（位于奈良公园，奈良市），采用传统结构及茅草屋顶。

下图：明治时代的建筑，立面装饰多倾向于巴洛克风格。1877年建于东京并于1974年重建于明治村的木构日本红十字会医院就是很好的例证。

拟洋风格与混合风格

上图：1914年东京火车站落成，上图为车站前一个警察岗亭的细节，为拟洋风格。车站主体采用钢骨搭配红砖与白色石头。然而，警察岗亭却是钢筋混凝土主体，外贴瓷砖，看上去就像车站的砖砌体一样。外墙瓷砖通常具有抗热耐寒的特性，甚至在今天的日本，仍然使用该种方法隐藏建筑的内部结构。

明治维新后，许多早期落成的建筑都出自西方建筑师之手，具有不同国家的建筑风格。还有一些"拟洋"风格的建筑，融合了日本对于国外建筑风格的独特诠释。最终，日本建筑师不但完美地掌握了西方的建造技术与设计风格，并继此成功创造出了西方与传统元素相融合的建筑。

拟洋建筑风格

从江户时代末期到明治时代初期，许多政府大楼、私营企业和工厂都是用石头和砖建造的。关于这类建筑，由于日本缺乏相关经验，这些新结构是由外国建筑师或日本木匠在外国人的指导下建造的。在了解了西式建筑的结构构造及工作原理后，这些日本工匠中的许多人开始独立承接构建任务，并且这样的事情在乡村时有发生。由此产生的"拟洋"建筑通常将西方设计与传统的日本元素相结合。一个早期的例子是著名的筑地旅馆。1868年，二代目清水喜助根据美国建筑师理查德·帕金斯·布里斯坚的设计方案建造而成，却毁于几年后的一场大火。而其本身是一座折中风格的木骨造建筑，配有塔楼，十字交叉的灰泥墙壁（海鼠壁，译者注），以及带风向标的尖顶。

右图：由林基春所描绘的东京财政部木版画，是一座拟洋风格建筑。

1872年的日本教育界鼓励学习西方，在很短的时间里，拟洋风格的学校遍布日本各地。这些学校大多都是简单的矩形结构，中间有一个前庭，屋顶中间有一座小的钟塔或鼓楼，以及木质壁板。这类拟洋风格的建筑一直在持续建造，并一直延续到了大正时代和昭和时代，甚至更晚的时期。

日本建筑师的设计

由于不愿意长久依赖于外国专家与技术，日本政府着手建立了一批如工部大学校（今东京大学）这样的专业学校。其目的是希望通过培养本土建筑师，为政府、商业和工业设计西洋式建筑，并帮助确立民族认同。不久，新的日本建筑和工程课程就开始有了自己的毕业生。工部大学校教授乔赛亚·康德的早期学生中有两位，分别是片山东熊（1853年—1917年）和辰野金吾（1854年—1919年）。这批新生代日本建筑师，在最重要的建筑物中，通常使用石材，例如由片山东熊为皇太子设计的住所——赤坂离宫。而对于次等重要的建筑物，则通常使用带有钢架或木框架的红砖建造，如由辰野金吾设计的东京站。对于那些并不是很重要的建筑物，则采用木框架雨淋板结构。由于它比石材或砖成本更低更易建造，因此备受政府部门青睐。

混合风格

19世纪80年代初，公众开始抵制急迫的西方化，并使人们以更为积极的态度重新评估本土技术和风格。而到了20世纪30年代，在日益崛起的民族主义和军国主义的催生下，社会产生了要在主要公共建筑中体现出日本风格的诉求。例如，由乔赛亚·康德设计的旧东京帝室博物馆毁于1923年的关东大地震，博物馆的重建项目采用了以比赛的形式遴选出最为合适的建筑师，最终陪审团选择了渡边仁（1887年—1973年）的设计方案。渡边仁开创了著名的帝冠式风格，其特点是在厚重

最左图：为混合式风格。奈良国立博物馆的佛教艺术图书馆最初建于1902年，原先作为县展览馆用于展出奈良产品。建筑师关野贞（1867年—1935年）的设计灵感源自京都附近的平等院凤翔堂。1983年，该建筑被评为日本重要文化遗产。

左图：日本建筑师设计的西式建筑。这座红砖建筑是东京站的丸之内入口，于1914年竣工。由辰野金吾（1854年—1919年）设计，采用文艺复兴风格。

且对称的西式外立面中使用巨大的瓦屋顶和日本装饰图案。这种尝试一直延续到了第二次世界大战后期，并在一批具有国际背景并致力于将传统元素与先进技术相结合的，以丹下健三（1913年—2005年）为代表的建筑师的努力下，取得了更好的效果。

日本铁路奈良站提供了关于第二次世界大战前"混合建筑"的案例。该站建于1934年，出自柴田四郎和增田诚一之手，取代了原木制建筑。在建筑矩形混凝土基体上采用了木制屋顶，且屋顶拥有一个寺院佛塔样式的尖顶。内外结构中，传统与现代元素相结合，创造出令人惊喜的设计。

日本建筑风格的成熟化进程

上述风格在一定程度上仍有任意及偶然的成分，无法形成特定的流派。主要想表达的即为日本建筑在引入西方风格后经历了一个逐渐走向成熟的过程。最早的日本西式建筑的建造者起初是那些时常在外国建筑师指导下工作的木匠。尽管他们在建筑材料和技术方面尝试了各种改进，但基本上其设计风格仍然是西式的。最终，新生代的日本本土建筑师掌握了设计西式建筑所必要的各种技能，超越模仿并开创出成熟的形制。至此，宣告了日本建筑领域已做好了与欧美同台竞技的准备。一些建筑师甚至走得更远，设计出了既非西式也非日式的新"混合"形式。如今，许多日本建筑师仍然不断从西方和东方传统中汲取灵感，并因此获得国际美誉。

这样的成熟化进程并非第一次出现。随着6世纪和7世纪引入亚洲大陆建筑风格（从中韩引入，译者注），日本的建筑家们通晓了新的风格与技术，并继而创造出特有的如桂离宫这般的日本杰作。

左图：拟洋风格。由立石清重设计并于1873年建造的前旧开智学校是日本最古老的公立学校之一。学校的设计主要基于当时立石清重在东京和横滨探索西式建筑时所做的草图。这栋两层楼的建筑拥有一个平瓦坡屋顶和立柱墙面。它以八角形的圆顶以及一个雕刻有天使、牡丹和龙纹样式的阳台而闻名于众。该建筑于1961年被认定为日本重要文化遗产。

下图：折中主义风格。这家大井牛肉店兼寿喜烧旅馆采用了科林斯柱与瓦屋顶的组合，于1887年在神户开业，主要面向外国海员，并于1968年迁至明治村。它被称为"折中主义"而不是"混合风格"，是因为东西方元素仍然保持着鲜明的特征，而非融为全新的风格。

传统建筑风格的住宅

Motra住宅，在建造和外观上都采用传统风格，这是历史演化的结果。在这个过程中，通过引入新的元素，优化原有的元素，从而形成简单优雅的风格，同时保留了对外部花园的"开放性"。Motra住宅常见于第二次世界大战前，甚至时至今日仍有建造，尽管其受欢迎程度已不如往昔。

历史背景

通常所熟知的"传统住宅"主要演变自书院风格和数寄屋风格，由古典及封建时期的贵族阶级发展而来，并适用于江户时代的富足的城市居民。除了贵族的传统书院——数寄屋风格，还有农舍以及城镇房屋这样的形制。但在江户时代后期，那些富裕的家庭，无论所处什么职业，居住于城市、城镇或是农村，他们的房屋都融合了许多微缩版的典型贵族传统特征。

传统风格的房屋一直持续到了现代早期，有时甚至在今天仍在建造。正如上述所说，Motra建筑可以在结构与外观上均是传统的（类型1），或是仅结构传统（类型2）或者单外观传统（类型3）。这些类型中的第一类是早期现代时期最典型的房屋，将在下面主要论述。

尽管第一种类型在结构与外观上均是传统的，但它们并非一丝不苟地忠于其江户时代的原型设计。建筑师对建造中的房屋进行了一些小幅调整以适应当时的技术进步。

基本特征

Motra住宅通常有一个支撑屋顶的木制梁柱框架结构。该结构的垂直构成部分立于基石上。柱之间的区域通常为滑动门，或是由竹子或木条编织而成的网格，一般采用稻草或亚麻布加以固定。在网格的每一侧粉刷两层黏土，然后用石灰、混合稻草或沙子、胶水以及水制成的灰泥涂于表面，有时会添加颜色。

屋顶的最上面可以选择多种材料作为保护层，如茅草、扁柏树皮、竹子或板岩，但通常用瓷砖覆盖，部分原因是使拥挤的城市区域不易受到火灾的影响。而房屋周边地区则会选用自己独特的屋顶。

外部窗户和门通常采用多层遮板，可以在相邻的轨道上滑动。其外侧轨道由木板组成，用于锁住房屋或抵御恶劣天气；接下来的两个轨道包括滑动玻璃和纱窗；内部轨道含有木质边框，其上覆着可以透光的半透明宣纸。室内推拉门通常为木制框架，覆着较为厚实的纸张，印制或绘有一些自然景物，比如人物、鸟类、动物或其他抽象的形态等。特殊情况下，推拉门也可被移除以创造出更大的内部空间。有时，推拉门的上方会有百叶窗横梁或雕刻装饰，这样尽管室内关门但空气仍然流通。通常有一些永久性隔断。

传统风格的房屋广泛使用升高的游廊以连接内部空间与周围花园。宽大的屋檐用于保护回廊免受日晒雨淋，即便在下雨的时候也仍然可以敞开屋门。而在窗户和门上悬挂竹帘，不但可以遮挡阳光，也可以保持室内的空气流通。

正门入口由多扇滑动门组成，地面区域用于放置鞋子和雨伞，而上一个台阶后则可以进入室内区域。在这里通常被视为公共区域，拜访者进入其中无须敲门或按响门铃。

"床之间"是一个凹室的壁龛，它有一个

下图：为日本最著名的作家夏目漱石（1867年—1916年）曾租用的单层住宅外观。该建筑最初于1887年（明治时代）建造于东京，是一座典型的城市Motra住宅，拥有离地架起的梁柱结构、瓦屋顶，阳台，推拉门以及位于一侧的厨房。

建造技术

日本的传统建筑采用了梁柱建造手法，梁支撑屋顶，其承重方式主要依靠柱子而非墙壁。神社和寺庙等建筑物通常使用厚重的原木，而Motra风格的住宅通常使用方形规制的木材。该结构图展示了水平梁柱之间的关系，支撑水平梁的柱子由建筑底部一直升到屋顶。在这些水平梁上装有不同长度的垂直立柱，其上固定有水平枋，包括屋脊枋。最后，椽子附着在水平枋上，形成一个倾斜的屋顶。

最左图：展示了传统框架结构中的一个细部，从中可以看出木料是如何连接，以及网格如何附着在框架之上。

中图及右图：吊顶建造。屋顶的椽子暂时先以梁和绳子做悬拉。将天花板安装在这些椽子之上，而后将垂直向的天花板吊柱连接到顶梁上。

左图：为夏目漱石故居的内部。典型的Motra风格，其特征包括榻榻米垫，采用天然裸露木柱包边的壁龛，滑动门，以及使用天然的材料和柔和的色彩。这座房子现位于明治村。

六叠垫子

八叠垫子

十八叠垫子

编织席面

包边

压缩稻草芯

升起的台面，其上覆有榻榻米垫或木板。这里用于摆放艺术品、插花以及应季的卷轴挂画。壁龛旁用薄墙隔开的是另一间凹室。这第二个凹室通常是"云架"，它由一个底部装有滑动门的小柜子、中间的一个至两个架子、以及位于顶部的另一个柜子组成。有时"云架"也可换成"壁橱"——一个带有滑动门的大橱柜，用于存放床品或其他如靠垫这样的家用物品。

浴室和如厕间位于不同的屋内，通常在走廊的两端，象征着净化功能与消除功能之间的区别。浴室和卫生间都有自己单独使用的拖鞋，而不能在其他地方共用。传统的卫生间是"蹲式"的，在一个固定储水箱上方有一个开口。但终究，水箱被下水道系统和冲水马桶所取代，可以是蹲式或西式。至于厨房，通常位于房屋的一侧或一角，呈L形，且通常有自己的屋顶。

农舍和城镇住宅与Motra住宅明显不同的是，前者通常都有一些泥地的工作区，而Motra住宅的地板则是升起的木质结构，其上覆有榻榻米垫或榻榻米垫与木板的组合。房间的大小由房间内榻榻米垫的数量决定，通常是四叠半到十二叠，但大多为六叠。榻榻米垫有两种尺寸，一般是一米乘两米，以稻草做基底，上面固定有编织精美的芦苇垫，四周以缝合布作为边缘，布一般是黑色的，但也有别的颜色。房间中使用木材的尺寸取决于垫子的数量，依据早期形成的木割术比例体系，该体系确保了令人赏心悦目的比例同时，也促进了构件的标准化。

天花板可以使用不同的材质，但是绘有好看纹饰且薄而宽的板材是最常见的材料之一，置于从上方悬挂的骨架上。通过梯子或开放式楼梯可以通往上层，有时其下会配有一组抽屉，以充分利用空间。

四周空间

传统房屋的周围空间和室内空间同样重要。住宅周围以篱笆或围墙提供隐私性保护。大门即为入口，它可以是相对内敛的也可以是一个有屋顶的厚重结构，这主要取决于屋主的财富和地位。从大门到住宅主入口的穿堂使居住者从公共模式切换至私人模式，在某种意义上来说，是为做好从外部世界的压力和纷扰中返回至避风港的心理准备。这个穿堂通道的基本构成元素为水、岩石、树木、灌木、石灯笼以及一条小路。

引人注目于当下环境的秘诀便是在有限的空间内营造出一个有趣的场景。可以采用很多种方法实现。例如，相比于笔直的路径，一条弯曲的小路更能体现出距离感，而不规则的脚踏石比碎石路或铺砌的行人道更为有趣。而其他的感官刺激方式，例如可以是在池塘中游弋的彩色锦鲤，也可以是从自然竹杆中滴落石盆的水滴。

而庭园则与入口穿堂完全不同。理想情况下的位置，透过房屋的一个或多个最重要区域均可以欣赏到花园的景致，例如款待客人或是以供过夜的客房。除了提供一个视觉上令人愉悦的空间外，花园的基本功能之一是创造和保持与自然之间的联系。随着每个新季节的到来，花园的设计应该呈现出不同的景致——夏有葱郁草木，秋有五彩树叶，冬有洁白飘雪，春迎繁花盛开。

最左图：传统的玄关。来访者将鞋子放在第一层，然后进入一个围合的区域，从这里可以进入房屋的内部。

左图：Motra房屋上的多轨道滑动门。不使用的时候，将门隐藏在轨道的一端。

左下图：对于没有排水沟和落水管的房屋来说，屋檐下的碎石区域显得尤为重要，因为它有助于减少雨水的飞溅。

下图：京都传统风格的房屋，配有格子门和格子窗，通过瓦批檐进行保护。

传统风格的客栈

右图：这是一幅安藤广重的木版画，描绘了江户时代著名的宿场——下诹访的一家旅馆中的场景。大房间里的男人们已经沐浴完毕，正在享用简单的饭菜。而在较小房间里的那个男人正在一个大木桶中洗澡。

左下图：田边旅馆室内，图中所示为"交谈室"，客人可以在那里一边放松，一边享用热茶，而热水则源于悬挂在壁炉之上的茶壶。客房中采用颇具传统书院风格的元素，例如内置的书桌。

右下图：位于高山市的田边旅馆的外观，是该地区的典型建筑，设有格子窗和推拉门。这种建筑风格最初源于京都，由平安时代末期那些逃离宗族战争的人们传入。

据说，日本的第一家客栈建于8世纪，供当时云游的僧侣使用。到了江户时代，朝圣者们汇集于知名寺庙与神社附近的旅店中，而大名则驻足于往返江户途经的驿站城镇旅馆里。而现代时期，新式旅馆已经逐渐演变，以满足旅行者的需求。

日式旅馆

传统的日本旅馆并没有独特的建筑风格，因为任何一间大房子都可以成为旅店。町屋是其中最易于改造的，因为它拥有由房间所环绕的内部大厅，这与典型的住宅布局截然不同，后者仅用滑动门分隔开各个房间。今天，一些最好的传统旅馆都曾是如京都等城镇富裕商贾的町屋。一个结构及外观均为传统风格的旅馆，无论是早期建造留存至今还是后期以传统方式建造（第一种类型的Motra），今天均被称为日式旅馆。

日式旅馆通常为一层至两层的小型木结构，但也有颇为宽大的，拥有几个侧翼。在通过推拉门入玄关后，客人将鞋子脱于地上，然后走到大厅，在那里换上为他们所提供的拖鞋，与屋主或经理见面并进行入住登记。而后，他们

被领入一个大厅以进入他们的房间。每个房间都有自己的名字，例如一种树或花。

客房为民居风格，配有榻榻米垫，拥有季节性插花和挂轴的壁龛，一个邻近的带有装饰架的凹室，以及一个正面装有推拉门的大型橱柜，用于存放床品。通过一些手法可以营造出一种微妙的数寄屋茶室氛围，例如壁龛角落的杆子上保留树皮，抹灰墙上裸露出稻草，以及在悬吊天花板上使用有趣纹理的宽大板材。

战前的日式旅馆中，一张矮桌和几个拜垫是仅有的家具，有时在桌子下面有下沉凹洞以供放脚，或是一个装有热木炭的容器——这是冬天仅有的热源之一。当使用木炭时，桌子上覆盖有一个厚重的日式褥垫，它们紧挨着地板用于保温，并在褥垫上放置一个木质盖，以便为膳食或书写提供坚硬的表面。但终究，一个在下表面固有电加热元件的桌子取代了这些传统的被炉。如今，旅馆均配备了现代化的空调设备，冬暖夏凉。

而另一项近现代的改变体现为在榻榻米垫房和外窗之间增置了一个小型的、配有西式桌椅的休息区。滑动门将睡眠区与休息区分隔开，而拉开滑动门和窗户，便通向了花园与自然景观。其他战后广受欢迎的添置还包括位于"床之间"的电视和位于玄关的小冰箱，放有冰镇啤酒、爆米花和小食。

沐浴与用餐

当客人在房间门口放好拖鞋坐在矮凳上之后，女主人便开始介绍旅店的陈设布局、提供用餐时间、浴室开放时间等关键信息，桌上有其备好的绿茶以及搭配的甜品，而后便转身离开让客人休息。

晚餐前的一段时间，客人脱下外衣换上旅店提供的轻便款和服，然后前往浴室，这里通常按性别进行划分。浴室里包含一个区域，在这里需要将衣服放在篮子中，还有一个浴后的晾干区。在淋浴区用香氛和流水擦洗后，便可以进入浴缸或泳池，它们通常采用木制或瓷制，大到足以容纳几个人。一些旅馆还配有户外浴室，人们可以坐在热气腾腾的温泉中欣赏四周环抱的葱郁草木。温泉中通常含有较高的矿物质，并具有不同的健康疗效。洗浴后，客人可以在其客房内享用含有多道菜式的晚宴，其后着浴衣漫步，而侍者则撤下餐桌，换上被褥铺于榻榻米垫之上。

日式酒店

第二次世界大战后，日本经济迅速复苏，新富阶层大多以组团的形式开始旅行。比如，公司经常租用大型巴士将员工带到温泉度假村——以达到缓解压力、增强团队凝聚力，进而提高生产力的效果。为满足这一需求，酒店纷纷开始扩大规模，提供可供宴会和团体娱乐使用的派对场所。

日式酒店建造大多采用钢筋混凝土，因此在结构和外观上都不同于传统的日式旅馆。大

左图：日本江户时代岩手县的乡村旅馆。茅草屋顶的右侧有一个排烟口。入口处的附加屋顶由木板制成，并用石块加重。

堂通常铺有地毯，热水浴池有时十分巨大（可长达十二米至十五米），

同时还设有一些特殊区域，例如游戏街机、按摩椅、汽水与香烟贩售机等。而客房则与传统的日式旅馆别无二致，拥有同样高品质的美食料理与服务。

下图：为位于九州的汤布院温泉酒店。包含有半透明推拉门的传统内饰与西式床品相结合。

左图：为位于滋贺县大垣温泉的雄山庄日式酒店大堂。图中可以看到其宽敞的大堂、纪念品商店和咖啡厅。酒店下设一百二十一间客房，并配有宴会厅、大型会议中心以及多个娱乐和体育设施，其中包括一个保龄球场。

传统风格的寺庙与神社

东京的大部分地区都毁于了地震、火灾和战争，因此很少有江户时代的建筑得以留存。大多数寺庙和神社都是Motra结构，这代表着它们建于现代时期，但采用了传统的建造风格。有时它们在结构和外观上都保持传统，而在其他建筑典范中，新材料和新技术已经融入到了传统设计中。

上图：明治神宫的重型木门上的纹饰。

右上图：明治神宫的拜殿（祭拜者大殿）。

明治神宫

明治神宫是用于祭奉在日本对外开放中扮演重要角色而被誉为"现代日本之父"的明治天皇（1852年—1912年）及其妻子昭宪皇后的。这座由建筑师伊东忠太（1867年—1954年）设计的皇家神殿坐落于一个林木繁茂的大型庭院内，这里有来自全国各地捐赠的十万株各类树木，是最令人印象深刻的日本神社之一。明治神宫由国家拨款建于1920年，却不幸毁于1945年的一场空袭，在私人捐助下，后于1958年复刻传统方式完成重建。在神宫入口的核心位置是日本最大的鸟居，选用一千五百年树龄的台湾柏树建成。它高十二米，柱间距跨度为九点一米。主要神社采用古朴的"流造"建造风格，包括本殿和拜殿。主体建筑材料采用日本柏树，屋顶采用铜板。

其他的重要建筑物包括宝物殿（藏宝阁），这是一座混凝土建筑，采用了奈良正仓院的校仓造（原木仓库）建筑风格。武道场（武术馆）是于1973年建成的现代建筑。神乐殿（向神供奉音乐和舞蹈的场所）采用传统"流造"神社建筑风格于1993年建成。

御苑（或内缘）是一个献给皇后的皇家园林，它位于鸟居入口和主神殿之间，起初为江户时代两个大名家族的住宅花园。它被认为是日本最好的园林之一，四周环绕了约三百六十五种不同的树木以及约一百种鸢尾花。每逢新年，会有超过三百万的信徒参拜神社，为新的一年祈求福禄与康寿。

增上寺

增上寺创建于1393年，是佛教净土派最重要的寺院。其主要供奉的是地藏菩萨，是旅行者与夭亡孩童的守护神。1590年增上寺被德川家康选为灵庙，家康的儿子德川秀忠以及后来的六个幕府将军均被埋葬于这座华丽的陵墓中。其三门（正门）建于1605年，采用中国唐代风格，是保留下来的较为罕见的早期江户时代建筑典范。而其他的地上建筑则均毁于第二次世界大战期间。大殿于1974年重建。花园中有两棵树，其中一棵是1879年由美国第十八任总统格兰特将军所种，而另一棵则是1982年出自乔治·布什总统之手。

泉岳寺

坐落于浅崖上俯瞰东京湾的便是江户最负盛名的历史古迹——位于泉岳寺小寺庙里的四十七浪人（无名武士）坟墓。他们的故事

下图：增上寺的三门，采用中国唐代风格，是较为罕见的早期江户时代建筑典范。

成为许多小说、电影及戏剧的主题，其中便包括著名的歌舞伎戏剧"忠臣藏"。

泉岳寺是一个曹洞宗寺庙，最初由德川家康建于江户城附近。江户时代三门（正门）是这座城市最著名的三座大门之一。在一场灾难性大火之后，这座寺庙于18世纪迁至现在的位置。其主殿被炸毁于1945年，并于1953年采用镰仓禅宗风格重建。

浅草寺

相传，在628年，有两个兄弟从宫户川捞上了一尊大慈大悲观世音菩萨的雕像，后来即使他们把雕像重新请回河中，它也总是再次回到兄弟身边。因此，浅草寺，通常也被称为浅草观音寺，它建于645年，用于供奉这尊小小的金质雕像。于是浅草寺便成为了东京最为古老的寺庙。在江户时代，浅草寺里挤满了小商贩和艺人，这里是通往附近吉原"浮世绘"的著名一站。而在19世纪40年代，当时幕府将军将歌舞伎座驱逐到浅草地区时，这里的人气得到了进一步的提升。目前，浅草寺里的大多数建筑都是战后重建的，采用传统风格的混凝土建筑，搭配瓦屋顶。

浅草寺最著名的建筑是木版画所描绘的风雷神门（雷门）。大门于1865年烧毁并于1955年重建。风雷神门坐落于通往寺庙大院的一排商店的起点，雷门上雕有守护神风神和雷神的雕像。

浅草神社

浅草神社坐落于浅草寺院内，用于纪念和供奉打捞起观音像的两个兄弟。这座古老的建筑由幕府将军德川家光于17世纪中叶建成，奇迹般地幸免于灾难与战火，被列为日本重要文化遗产。主殿是江户时代颇为流行的、精致的"权现造"建筑风格典范。就像日光的神社与庙宇一样，"权现造"建筑用于祭奉神化的人类。

更为人所熟知的是"三社祭"，作为三个守护神明的神社，"三社祭"这个东京最大的传统祭祀庆典活动围绕浅草神社展开，每逢5月的第三个周末举行。庆典的第二天最为盛大，届时有数百人抬着逾百个神舆（可携带式神龛）游行至神社附近的街巷，每个神舆重约一千公斤。

顶图：泉岳寺主殿，1945年被毁，后以镰仓禅风格重建。

上图：泉岳寺的钟楼。

浅草寺

当从南侧进入浅草寺的时候，观光者将会穿过一道醒目的红漆结构的外门，这就是以雷神和风神两位守护神命名的风雷神门，又被称为雷门。挂在大门口的一盏巨大纸灯笼便是东京最著名的景观之一。仲见世是一条二百米的长街，两侧云集了不计其数的纪念品店和美食小吃，以雷门为起点一直通往寺庙的正门——宝藏门。宝藏门是一座两层建筑，其上层藏有中国14世纪的经文，而在门的后墙上悬挂的便是两位守护神的大草鞋。穿过宝藏门，便来到了本堂面前的一尊巨大青铜炉，这里可供游客供奉香火。自7世纪初起，院内的大多数建筑均几度惨遭火灾和劫难，最近的一次便是在1945年。本堂于1958年完成重建，五重塔于1973年重建，而影向堂和淡岛堂最近的一次重建则于1994年进行。

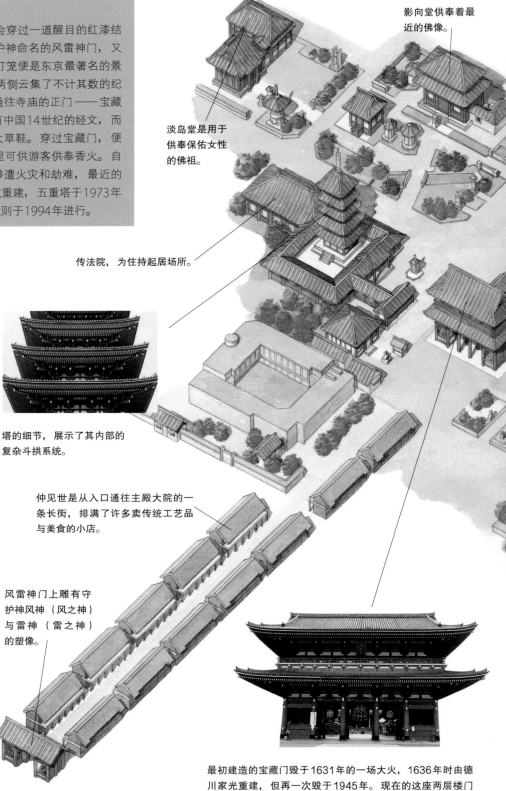

影向堂供奉着最近的佛像。

淡岛堂是用于供奉保佑女性的佛祖。

传法院，为住持起居场所。

塔的细节，展示了其内部的复杂斗拱系统。

仲见世是从入口通往主殿大院的一条长街，排满了许多卖传统工艺品与美食的小店。

风雷神门上雕有守护神风神（风之神）与雷神（雷之神）的塑像。

这座五重宝塔最初由德川家光所建，毁于1945年，后于1973年重建。塔略高于五十五米，是日本第二高的宝塔，仅次于京都东寺五重塔。

最初建造的宝藏门毁于1631年的一场大火，1636年时由德川家光重建，但再一次毁于1945年。现在的这座两层楼门可以追溯到1964年，采用混凝土结构，其上层中藏有无价的经书。

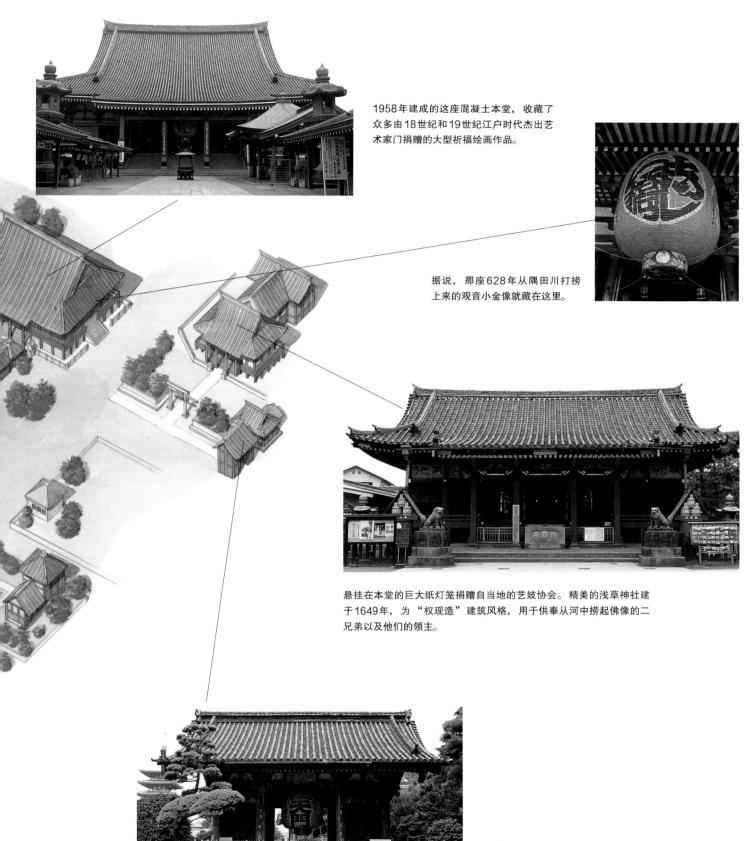

1958年建成的这座混凝土本堂，收藏了众多由18世纪和19世纪江户时代杰出艺术家门捐赠的大型祈福绘画作品。

据说，那座628年从隅田川打捞上来的观音小金像就藏在这里。

悬挂在本堂的巨大纸灯笼捐赠自当地的艺妓协会。精美的浅草神社建于1649年，为"权现造"建筑风格，用于供奉从河中捞起佛像的二兄弟以及他们的领主。

守卫在浅草寺东门入口处的是二天门，是最为古老的地上建筑。始建于1618年，并且在1945年的空袭中幸存下来。它是仅存的供奉德川家康的神社遗址，于1651年迁至现在的位置。

现代建筑

日本是一个既古老又传统的社会。而与此同时，它也是一个现代化的社会，在明治时代和第二次世界大战后期均经历了高速的工业化和城市化进程。当今，面对拥挤的城市和高昂的土地价格，日本正在尝试以全新的方式为人们提供安全舒适的工作与生活环境。

住宅建筑

在现代化日本的早期，大多数日本人都生活在农村，拥有自己的土地或住在村庄之中。但无论是哪一种，因为都期望家族不断壮大，乡村的房屋（民家或Motra）通常都相当宽敞，长子在婚后仍继续与父母住在一起。城市化进程很早以前便开始了，随着人们搬到大城市寻找工作以及追逐更便捷的生活，而在一直持续发展。虽然在第二次世界大战期间和战后，由于许多城市被毁，许多人出于食物的考虑，短暂地回到了乡村，但随着日本工业基础设施的迅速重建以及现代化发展，城市化进程很快便又恢复了生机。而今天，大多数的日本人住在城市，但城市的私人住宅非常昂贵。因此，最常见的住宅布局被称为"2LDK"，意思是合并的起居用餐区加上两间卧室，一间父母使用，另一间为儿童房。

换句话说，相比于过去的大家庭或家族，今天普通的日本家庭则成为一个个的子单元。祖父母通常不得不自己照料生活起居，因为没有充足的空间使他们和孩子生活在一起。

那些大多数无法负担私人住宅的居民住在被称为"团地"的高密度公寓楼内，而这些公寓楼建在任何可被利用的土地之上。一些团地就像拥有数百栋建筑和数千个租户的小城市一样。

普遍来说，战后房屋的质量普遍较低，特别是在城市地区。建筑物通常是采用混凝土材质，以尽可能地降低建造成本。一定程度上的"破旧和朴素"曾被社会所接纳，甚至在传统日本社会得到珍视。这种审美价值可见于侘寂——推崇简朴之美。然而，这些建造质量不良的混凝土建筑所产生的"破旧和朴素"却产生了截然不同的效果。渐渐地，这些战后建筑被拆除，取而代之的是现代建筑，使一些传统住宅建筑的优雅、简约和细致之美得以重现。

上图：2LDK公寓的典型房间布局。

对页图：越来越多的日本富裕家庭选择融合日式传统元素的定制住宅，例如梁柱结构的房屋暴露天花板，并与现代家具结合。

左下图和右下图：住友林业公司的样板房，兼具传统与现代特色。

上图：为大阪Diamor地下购物中心的中庭。通过引入充足的自然光照，挑高的屋顶以及采用宽阔的走廊消除了人们对于地下区域黑暗又狭窄的普遍认知。走廊的两侧云集了许多精品时尚店，可以直接地进入门店。这里很好地展示了公共空间的普遍使用手法。

上图：能够打造兼具吸引力及视觉冲击的环境是地下购物中心成功的关键所在。本图所示区域是通过大量采用雕塑、艺术作品和诸如此处所示的装饰技巧来实现的。

地下建筑

城市拥挤的人口和高昂的土地成本也带来了意想不到的后果。出于对地震和台风破坏力的考量，建筑物一度仅限制在三层到四层楼高。然而，现代工程建造和建筑技术的发展使摩天大楼的落成成为可能。另一种节省空间的方法便是发展地下建筑。日本拥有世界上最多的地下购物和地下通勤区域。地下购物商场的做法非常流行，因为它们将商业集中在室内人行道附近，让人们在步行上下班或前往其他目的地的同时方便购物。高架公路下方的空间不适合建设成为住宅或办公楼，却为地下购物商场提供了合适的空间。

日本最初开发地下的目的主要是希望可以提供将行人和车辆区分的人行通道，从而确保步行者的安全性并减少地面拥堵。地下通道主要建于公共场所下方，例如已有的街道或公园。而在其底层则建有铁路和地铁线路。两个系统相连方便行人使用公共交通。渐渐地，这些地下区域扩展并涵盖了购物广场和许多其他设施。

1974年，日本国家政府颁布了一份名为《地下商城基本准则》的文件。它规定地下购物商场应包含停车场、地下步道、商店、办公室以及其他用于提供服务和娱乐的设施，并且需要建设如道路下方、火车站附近这样的公共场所。到1995年底，日本已有七十九个这样的综合商场，其中八个位于大阪。

大阪的地下是一个庞大的综合商业体系和人行快速通道，它连接着众多的私人轨道交通与地铁线路，多层停车场以及众多商业和政府大厦的地下区域。当来到这个地下网络中众多入口的任意一处，往来者便可以实现购物、娱乐、享受美食、去银行、看医生、预定旅行社行程，甚至是去上班，而无须再次回到地面。

在每天使用该系统的三百多万人中，并非所有人都是上班族。相比于拥挤且时有危险发生的外部环境，许多人开始更加倾向于这个视觉刺激的地下世界。欧式的"路边"咖啡馆和不计其数的餐厅提供的各色国际美食，尤其广受欢迎。

除了在公共街道和公园下建造的主要行人交通步道外，还在私人建筑物的地下室区域之间或其下配有辅助交通线路。在复杂的大阪Diamor区域，公共通道宽阔而明亮。整个地下区域被分为八个区块，由百叶窗隔开，以防止火和烟的扩散。配合使用灯和蜂鸣器，以帮助残疾人安全逃生。信息管理中心用于监测综合设施中的复杂地下情况，并与相连建筑物的防控中心进行联络。中庭区域包括一个可自动打开的可移动圆顶，以便在发生火灾时用作通风口，并且可以从信息管理中心远程操作灭火设备。

由于远离来自地上的汽车污染，同时可以更有效地控制犯罪，并且提供了不受天气和自然灾害影响的优良环境，地下开发的一些优点逐渐改善了公共健康。

上图：坐落于东京的惠比寿花园中央广场，是几个"城中之城"之一。它建于惠比寿啤酒厂的旧址上，并于1994年向公众开放。颇具规模的各类商店、餐馆与酒吧、办公与住宅区域和博物馆，用于满足当地居民与游客的各种需求。

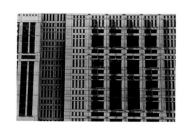

上图：丹下健三东京都厅细部，灵感来自一幅大阪农家屋顶结构的建筑图纸。

民用及商用建筑

当地处于大陆板块主断层上的东京从第二次世界大战的灰烬中冉冉升起时，关于建筑的唯一约束便是必须开发抗震和防火的结构。由此所产生的试验态度，加上战后的繁荣，催生了建筑上的多样性，并提供了一些关于民用与商业建筑现代趋势的最佳范例。

为了应对持续性的地震危害，在强劲的日本战后复苏经济中，许多为自己和客户建造纪念碑的本土与外国建筑师主要采用钢筋混凝土进行工作，而这显然与过去的木结构截然不同。设计和建造方面的技术发展使建筑师能够试验新概念，且以一种席卷战后日本的个人主义和自我表达思潮相一致的方式。

东京是日本的政治、商业与当代文化中心，它吸引了许多世界上最为优秀和最具创新性的建筑师，如丹下健三、矶崎新、槙文彦、黑川纪章和安藤忠雄。而当代日本顶级建筑师中的大多数都具有国际教育背景，并受到了瑞士建筑师勒·柯布西耶和德国建筑师沃尔特·格罗皮乌斯的影响。

日本的第一座摩天大楼霞关大厦于1968年竣工，融合最新的地震技术。其后不久，许多其他摩天大楼也拔地而起。东京都厅落成于1990年，是当时东京最高的建筑。它是丹下健三的心血结晶，该位建筑师也设计了1964年的东京奥运会体育馆——当时世界上最具创新

性的建筑之一。丹下健三亦是国际式建筑或现代主义运动的拥护者。

东京都厅（政府办公楼）的主楼以及其上的双塔楼，一共有四十八层楼高。塔楼的顶部旋转了四十五度，不但打破了对称的形式，更产生了富有活力的设计感。外墙由玻璃、花岗岩和大理石组成，编织成丰富而复杂的图案。双塔是一个巨大的后现代风格广场的一部分，采用相同的设计及材料建造。平均每天有约六千名访客（主要是游客）来到这里。

东京国际会议中心位于丸之内金融区的中心地带，提供了十四万四千平方米的文化设施，包含了博物馆、剧院和艺术画廊。这座现代化的建筑组合建于1996年，方形建筑呼应了其周边地区的传统房屋，而曲线的叶形大厅则随着相邻的地铁路线弯曲延展。大厅高五十七米，宽三十米，长二百一十米。在其任何一端都有支撑拉索的立柱，这些立柱为具有多层次人行通道的巨大室内空间提供了基础结构支撑。整体效果上，结合顶部的玻璃穹顶，建筑物显得既轻盈又优雅。

穿过东京国际会议中心的街道，便来到了毗邻东京火车站的太平洋世纪广场。这是一幢高达三十一层，拥有钢筋混凝土结构并使用玻璃幕墙的高层建筑。该建筑于2001年竣工，是日建设计和竹中公务店合作设计的成果。为了保留出火车站周围的公共空间，该建筑由地面抬升起三十米高，采用了四根直径三点四米的混凝立柱作为支撑。建筑前部为圆形结构（立柱），便于引入新鲜的空气，而在其背面则是一个可将地震能量减少百分之十五的黏性体制振墙（阻尼核心筒）。所采用的其他创新技术还包括一个可以根据日光量自动控制室内照明的传感器。

许多日本其他的城市也同样有非常有趣的现代建筑案例，而这里仅能提及到其中的几个。太阳能方舟2002年落成于岐阜市，是三洋电机有限公司的巨大太阳能发电厂。它是世界上最大的太阳能建筑。

下图：大阪巨蛋，为一个可伸缩穹顶的多功能建筑。

左图：位于东京的六本木之丘于2003年开业，是另一个"城中之城"。在重建的公园式城市的中心矗立着以其建造公司及公司总裁命名的五十四层楼高的森大厦。人行道和花园将住宅、休闲与办公空间相连。

下图：1996年建成的东京国际展览中心（更为人所知是东京Big Sight），其中央楼体由四座相互连接的倒金字塔组成，是东京最具特色的建筑结构之一。

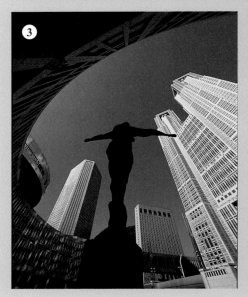

1 位于岐阜市的三洋太阳能方舟是世界上最大的太阳能发电厂。

2 东京国际会议中心有着一个叶型的弧形大厅，拥有巨大的内部开放式空间及非比寻常的玻璃穹顶。

3 东京都厅的市民广场。政府办公地点位于背景中的双塔楼内。

4 秋田市政体育馆以希腊奥林匹克运动会为蓝本。这座三百一十五米长的建筑看起来像是一个走向未来的方舟。其结构上，仅采用了四根柱子作为支撑，营造出了空中飘浮的效果。而南侧墙面上安装的五千组太阳能板，每年不但可产生大约五十三万千瓦时的电量，同时也点亮了由计算机控制的七万七千二百余块、红绿蓝三色组成的LED灯板，创造出了惊人的视觉盛宴。

两个值得一提的公共建筑便是大阪巨蛋体育馆与秋田市立体育馆。大阪巨蛋体育馆于1997年正式投入运营，是一个拥有可伸缩圆顶的多功能结构体，其中包括棒球场、演奏会舞台、画廊、娱乐与餐厅区，以及用于展览和会议的各类设施。该建筑地下部分为一层，地上部分高九层。其屋顶四周呈波浪状，意在模仿云的形态。于1994年开业的秋田市立体育馆，是以希腊奥林匹克运动会为蓝本，它高达四十米，是日本东北地区最大的体育馆。

大阪的梅田蓝天大厦是日本最为壮观的现代建筑之一，于1993年建成。它由两座四十层高的摩天大楼组成，楼宇间通过一个"悬浮的花园"观景台相连，站在观景台上可以欣赏到城市的壮观景色。建筑师原广司原本是想建造一个巨大的空中城市，其中包括采用自动扶梯相连的摩天楼群、人行天桥与空中花园。虽然目前的结构并未实现当时的梦想，但这并不妨碍它成为大阪最为重要的旅游目的地之一。

当代建筑，正如上述所提及的那些，正生动地提醒着人们，日本虽然植根于遥远的过往，但也是一个回应当今社会建筑需求的现代化的国家。

上图：大阪梅田蓝天大厦的双塔由
"飘浮的空中花园"瞭望台相连。

词汇表

雨户：在恶劣天气下可以合阖上的沉重的木门或百叶窗

阿弥陀佛：西方天堂的佛陀

武家造：武士住宅

文乐：经典木偶剧

武士道：武士遵守的行事原则

茶汤：茶道，经常也称之为佐渡，品赏茶的艺术

千木：神社屋顶上交叉的尖顶

栖舍：传统的阿伊努人的房子

大佛：起源于镰仓时代的大佛式寺庙建筑

大极殿：国事大厅

大名：土地或庄园的领主

大日如来：深奥佛教的宇宙佛陀

团地：高密度多单元公寓大楼

天守阁：城堡主楼，城堡的主要结构

袄：不透明（实心）滑动面板，在轨道上运行，通常用装饰纸覆盖蒲团在地板上的床垫和被子白天可以折叠存放

合掌：陡峭坡顶"祈祷之手"式农舍

外阵：和样寺庙中为非资深信众设置的外部祭祀区域（相比于内阵）

玄关：入口区或住宅的前庭

前殿：神社的礼拜堂，信众可以进入

埴轮：赤土陶器摆放在墓丘的斜坡上

平安京：日本早期的都城，在现今的京都遗址上

平地住居：平地住宅，地面作为地板

平城宫：日本早期的都城，在现今的奈良遗址上

桧：传统上用于建造寺庙的日本柏树

厢：传统建筑的周边延伸，拥有自己的屋顶

本堂：佛教寺庙的主殿本殿神道教神社的正殿，用以供奉神灵

掘立柱：柱子埋进地下

入母屋：歇山屋顶

围炉里：开放式炉灶

遗迹：历史遗迹或遗物

上段：在一个正式的书院风格房间里，接待客人的架高区域

净土：西方极乐世界

歌舞伎：最初为普通人设立的古典戏剧

神：神圣精神或神道教的神

观音菩萨：慈悲女神

坚鱼木：横跨神社屋顶山脊的短杆

茅：用于其茅草屋顶的芦苇

间：传统建筑的支柱之间的空间

切妻：山墙屋顶

古坟：古墓或墓冢

金堂：本堂的别称

藏：仓库

狂言：能剧之间的诙谐插曲

町屋：商人住宅商店，通常被称为城镇住宅民家普通人的房子；通常指农舍

民宿：住宿加早餐

末法：佛法的末世晚期

门：门

门迹：首领是皇室成员的寺庙

Motra：在现代时期（即1868年以后）建造的传统风格建筑

母屋：传统建筑的中心区域，通常被称为"厢"的周边区域包围；母屋一词也指椽子支撑

内阵：和样寺庙包含祭坛的内部圣殿（与外阵相反）

能：最初为普通人设立的古典戏剧

织田信长：在封建时代统一日本的三大军事领导人中的第一位

宝塔：源自印度窣堵坡的多层佛教结构；它最初包含有历史佛陀的遗物

栏间：室内推拉门之上的百叶横梁或装饰雕刻架

两部神道：融合佛教和神道信仰，实践和建筑形式

旅馆：传统旅店

折衷：折中风格寺庙建筑

释迦：释迦如来

注连绳：神道教中指示神圣空间或对象的绳索

寝殿：平安时代精品宅邸的主要建筑；寝殿通过有顶的大厅连接于附属建筑

书院风格：最初是室町时代发展起来的办公室，演化为一个正式的房间，其中包括壁龛，内置书桌和交错书架

障子：半透明的纸质滑动面板

将军：封建时代的军事统治者

草庵茶室：小巧而质朴的茶室（"草屋"风格）

水墨画：黑墨绘画

数寄屋风格：书院风格的非正式版本，受上层府邸青睐

高床：升起的地板

榻榻米垫：稻草基底上覆盖着编织芦苇席，大约一米乘二米

竖穴住居：地坑住宅

床の间：凹陷的壁龛

鸟居：神道教神社入口门框（无门）

丰臣秀吉：在封建时代统一日本的三大军事领导人中的第二位

德川家康：在封建时代统一日本的三大军事领导人中的第三。德川幕府的创始人和命名者

宇氏：氏族

浮世绘：木版画

侘寂：一种美学概念，指的是与茶道相关的朴素味道

和样：基于早期大陆风格的日式寺庙建筑

山伏：山僧

禅宗样：在镰仓时代从中国引进的禅宗寺庙建筑

参考书目

Alex, William, *Japanese Architecture*, New York: George Braziller, 1963.

Black, Alexandra and Noboru Murata (photographer), *The Japanese House: Architecture and Interiors*, Rutland (Vermont), Boston, and Tokyo: Tuttle Publishing, 2000.

Blaser, Werner, *Japanese Temples and Tea-Houses*, New York: F. W. Doge, 1956.

Bognar, Botond, *Contemporary Japanese Architecture: Its Development and Challenge*, New York: Van Nostrand Reinhold, 1985.

Boyd, Robin, *Japanese Architecture*, New York: St. Martin's Press, 1988.

_____, *New Directions in Japanese Architecture*, New York: George Braziller, 1980.

Brown, S. Azby, *The Genius of Japanese Carpentry: An Account of a Temple's Construction*, New York: Kodansha International, 1989.

Carver, Norman F., Jr., *Form and Space in Japanese Architecture*, 2nd edn, Kalamazoo (Maryland): Documan Press, 1993.

Coaldrake, William H., *Architecture and Authority in Japan*, Oxford: Nissan Institute and Routledge Japanese Studies Series, 1996.

_____, *The Way of the Carpenter: Tools and Japanese Architecture*, Tokyo: Weatherhill, 1991.

Drexler, Arthur, *The Architecture of Japan*, New York: Museum of Modern Art, 1955.

Engel, Heino, *Measure and Construction of the Japanese House*, Rutland (Vermont), Boston, and Tokyo: Tuttle Publishing, 2000.

Frampton, Kenneth, Keith Vincent, and Kunio Kudo, *Japanese Building Practice: From Ancient Times to the Meiji Period*, John Wiley and Sons, 1997.

Fujioka, Michio and Kazunori Tsunenari, *Japanese Residences and Gardens: A Tradition of Integration*, New York: Kodansha International, 1982.

Fukuyama, Toshio (trans. Ronald K. Jones), *Heian Temples: Byō dō -in and Chū son-ji*, New York: Weatherhill, 1976.

Futagawa, Yukio and Teiji Itoh (trans. Paul Konya), *The Essential Japanese House: Craftsmanship, Function, and Style in Town and Country*, Tokyo: Weatherhill, 1967.

_____, *The Roots of Japanese Architecture*, New York: Harper and Row, 1963.

Hashimoto, Fumio (trans. H. Mack Morton), *Architecture in the Shoin Style: Japanese Feudal Residences*, New York: Kodansha International, 1981.

Hinago, Motoo, *Japanese Castles*, New York: Kodansha International, 1986.

Hirai, Kiyoshi (trans. Jeannine Cilliota and Hiroaki Sato), *Feudal Architecture of Japan*, Tokyo: Weatherhill, 1974.

Inaba, Kazuya and Shigenobu Nakayama (trans. John Bester), *Japanese Homes and Lifestyles: An Illustrated Journey Through History*, Tokyo: Kodansha International, 2000.

Inoue, Mitsuo (trans. Hiroshi Watanabe), *Space in Japanese Architecture*, Tokyo: Weatherhill, 1985.

Itoh, Teiji (trans. Richard L. Gage), *The Classic Tradition in Japanese Architecture: Modern Versions of the Sukiya Style*, Weatherhill, New York, 1972.

_____, *Traditional Domestic Architecture of Japan*, Tokyo: Weatherhill, 1983.

_____, *Traditional Japanese Houses*, New York: Rizzoli, 1980.

Itoh, Teiji and Kiyoshi Takai (adapt. Charles S. Terry), *Kura: Design and Tradition of the Japanese Storehouse*, Seattle: Madrona, 1980.

Itoh, Teiji and Yukio Futagawa (photographer), *The Elegant Japanese House: Traditional Sukiya Architecture*, Tokyo: Weatherhill, 1990.

Katoh, Amy Sylvester and Shin Kimura, *Japan Country Living: Spirit, Tradition, Style*, Rutland (Vermont), Boston, and Tokyo: Tuttle Publishing, 2002.

Kawashima, Chū ji (trans. Lynne E. Riggs), *Japan's Folk Architecture: Traditional Thatched Farmhouses*, Tokyo: Kodansha International, 2000.

Kurokawa, Kisho, *New Wave Japanese Architecture*, Hoboken, NJ: John Wiley and Sons, 1993.

Morse, Edward S., *Japanese Homes and Their Surroundings*, Tokyo: Charles E. Tuttle, 1971, reprinted 2007.

Naito, Akira and Takeshi Nishikawa (trans. Charles S. Terry), *Katsura: A Princely Retreat*, New York: Kodansha, 1977.

Nishi, Kazuo (trans. Mack Horton), *What is Japanese Archi-tecture? A Survey of Traditional Japanese Architecture*, Tokyo: Kodansha International, 1985.

Nitschke, Gunter, *From Shinto to Andō : Studies in Architec-tural Anthropology in Japan*, John Wiley and Sons, 1993.

Nute, Kevin, *Place, Time and Being in Japanese Architecture*, London and New York: Routledge, 2004.

Ō kawa, Naomi (trans. Alan Woodhull and Akito Miyamoto), *Edo Architecture, Katsura and Nikkō , Volume 20, Heibon-sha Survey of Japanese Art*, Tokyo: Charles E. Tuttle, 1975.

Ō oka, Minoru and Osamu Mori, *Pageant of Japanese Art: Vol. 6, Architecture and Gardens*, Tokyo: Toto Shuppan, 1957.

Paine, Robert Treat and Alexander C. Soper, *The Art and Architecture of Japan*, 3rd edn, Pelikan History of Art Series, New Haven: Yale University Press, 1992.

Richie, Donald and Alexandre Georges, *The Temples of Kyoto*, Rutland (Vermont): Charles E. Tuttle, 1995.

Soper, Alexander C., *Evolution of Buddhist Architecture in Japan*, New York: Hacker Art Books, 1978.

Stewart, David B., *The Making of Modern Japanese Architec-ture: 1868 to Present*, Tokyo: Kodansha International, 1989.

Tange, Kenzō , Noboru Kawazoe, and Yoshio Watanabe (pho-tographer), *Ise: Prototype of Japanese Architecture*, Massachusetts: MIT Press, 1965.

Taut, Bruno, *Fundamentals of Japanese Architecture*, Tokyo: Kokusai Bunka Shinkō kai, 1936.

_____, *Houses and People of Japan*, Tokyo: Sanseido, 1958.

Ueda, Atsushi, *The Inner Harmony of the Japanese House*, Tokyo: Kodansha International, 1998.

Watanabe, Yasutada, *Shinto Art: Ise and Izumo Shrines*, New York: Weatherhill, 1974.

照片来源

秋田市 172页（第四张图）

本·西蒙斯摄影：封底内页，第4—5，6，31页（底部），63页，86—87页，159页（底部），161页（中部），168—169页，171页，172页，（第三张图）

关键照片：书脊（顶图），8—9页，17页，18页，21页，32—33页，40—41页，45页，46页，（顶图），47页，48—49页，52—53页，55页，58—59页，65页，67页，71页，72—73页，74页，85页（顶图），88页，89页，（顶图），101页，104页，116—117页，120—120页，122—123页，141页

村田升：封面，封底，封面折口，封面内页，1页，2页，13—15页，22—23页，82—83页，91页，92页，112—113页，125页，126页，128—129页，131页，135页，142—143页，146页，147页，167页

奈良文化财研究所：42页（顶图）

国立历史民俗博物馆：78页

Okayama Yoshinori：121页（顶图）

历史街道推进协议会：170页（底图）

日光山轮王寺：138页（上部左图）

日本三洋株式会社：172页（第一张图）

阿伊努民族博物馆：36页，37页

Suzuki Toshikatsu：162页，163页，164页（除左图外），165页

Luca Tettoni：164页（左图）

Michael Yamashita：118页，173页

致谢

我们特别感谢关西外国语大学，该校以各种方式支持我们的研究；诚挚感谢片冈修教授，为我们提供了史前建筑的最新研究成果。其他提供特殊帮助的个人是Yoshimoto Norihito，Okayama Yoshinori和Teresa Hurst。

有着特殊帮助的机构是阿伊努民族博物馆和国立历史民俗博物馆（日本国家历史博物馆）。我们还要感谢京都和东京的皇室宫内厅和泉市教育委员会、神宫征古馆（伊势神宫附属博物馆）、伊势神社办公室、室生寺、日光的东照宫、历史街道推广委员会、秋田市、三洋电机株式会社以及为我们提供信息和图片的许多其他机构。

对我们有特别帮助的三本书是宫元健次的《图说日本建筑のみかた》（《如何观察日本建筑》），Bunkazai Kenzo butsu Hozon GijutsuKyokai（日本建筑古迹保护协会）的《Shuwufu no Techo》（"修复笔记"）和Itoh Teiji的《Kura: Design and Tradition of the Japanese Storehouse》（由Takai Kiyoshi摄影）。我们感谢本·西蒙斯摄影，Keyphotos、Murata Noboru、Okayama Yoshinori、Suzuki Toshikatsu、Luca Tettoni和Michael Yamashita批准使用他们的作品来补充作者拍摄的照片。

图书在版编目(CIP)数据

日本建筑的艺术 /（加）大卫·扬（David Young），（加）美智子·扬（Michiko Young）著；
王冲译. -- 武汉：华中科技大学出版社, 2019.6
ISBN 978-7-5680-5085-2

Ⅰ.①日… Ⅱ.①大… ②美… ③王… Ⅲ.①建筑艺术 – 研究 – 日本 Ⅳ.①TU–863.13

中国版本图书馆CIP数据核字(2019)第057563号

简体中文版由 Tuttle 出版社授权华中科技大学出版社有限责任公司在中华人民共和国境内（但不含香港、
澳门和台湾地区）出版、发行。
湖北省版权局著作权合同登记 图字：17–2018–353 号

日本建筑的艺术　　[加] 大卫·扬（David Young）　[加] 美智子·扬 （Michiko Young）著
Riben Jianzhu de Yishu　　王冲 译

出版发行：	华中科技大学出版社（中国·武汉）	电话：(027) 81321913
	北京有书至美文化传媒有限公司	(010) 67326910–6023
出 版 人：	阮海洪	

责任编辑：莽 昱　张丹妮　　　封面设计：唐 棣
责任监印：徐 露　郑红红

制　作：　北京博逸文化传播有限公司
印　刷：　北京金彩印刷有限公司
开　本：　889mm×1194mm　1/16
印　张：　11
字　数：　100千字
版　次：　2019年6月第1版第1次印刷
定　价：　168.00元